"十三五"国家重点出版物出版规划项目
国家科学技术学术著作出版基金资助出版
经典建筑理论书系·大师精品系列

本 土 设 计 II

LAND-BASED RATIONALISM II

崔 愷
CUIKAI

知识产权出版社
全国百佳图书出版单位

序

很高兴看到崔愷院士第二本关于本土设计的专著《本土设计 II》将付梓出版。本书汇集了作者近年来以"本土"理念创作的一批重要的工程项目，同时还配以作者及其他建筑师关于本土设计及崔愷创作思想方面的讨论文章，图文对照，读起来很有兴味。

执业建筑师与专门搞建筑理论、评论、策划的理论家不同，也与教书育人的建筑教育家不同，最终还是靠建筑作品，当然是那些优秀的乃至有个人风格和范式的代表作品来说话。中国正处在经济快速增长、城镇化急剧推进的历史性的重要发展机遇期，大规模的建设活动同期并行，这就为建筑师提供了广阔的用武之地，每个建筑师都可以拿出一批批自己设计的项目。毋庸讳言，这里虽然不乏精品力作，但大量的是无精打采的，乃至摹西仿古、缺乏思想内涵和文化成色的平庸之作。特别是其中的一些规模体量巨大、占据重要区位、具有重要纪念意义、渴望成为标志性的重点案例，做得非但没有出彩，反倒令人生厌而饱受诟病。究其原因，可能不是资金、不是技术、不是材料，往往是创意理念和设计观念方面的问题。所以，很有必要讨论，要创作出一个好的作品，关键在哪里。

做事不可忘记的古训是"行成于思"，设计同写文章一样，必须"意在笔先"，这里的"思"和"意"，对建筑创作来说，就是构思和创意。相信大多数建筑师都不是先研究好了自己的理论（当然理论也可以学习和借鉴）才去做设计，但

可以肯定，他们都是以某种思路和理念作指导，去研究如何处理各种建筑要素之间的关系，以及选择建筑形式的美学取向和确立建筑意象的文化表达。应该指出的是，这些理念和思路其实就是建筑师长期学习、研究、实践、总结的理论储备，是存在于建筑师脑海里的意识结晶，已经具备了理论形态。所以，对待理论的态度，大可不必把它搞得那么神秘而高不可攀，更不要以为理论离我们有多么遥远，其实我们总是自觉或不自觉在运用某种理论来引领设计，指导实践。

纵观建筑设计史，大凡一定时期的代表人物和设计大家，除了有标志性的作品之外，往往还都提出一些独创的观点、理论，或主义之类的主张，成为其设计创作的理念和原则。诸如，密斯·温德鲁以"少就是多"的名言表达了自己对现代建筑基本构想和一贯坚持的减少主义的特色，赖特的"有机建筑""草原建筑"，战后日本建筑师提出的"有机更新""新陈代谢"、到当代的"负建筑"，以及与本土设计相关联的"现代乡土建筑""地域主义"建筑、"批判的地域主义"等，都是我们耳熟能详的。研究这些观点、理念、主张、主义，我们会发现，任何一种理论的提出、完善和发展，都是为了解决现实中存在的问题，而具有鲜明的问题导向性、针对性和目的性。从这一观点出发，可以引申为，当现实中的问题积累到一定程度，甚至达到了流弊毕现的时候，则预示着一种新的理论或主张将要出现和产生。正如科学社会主义的诞生，是源

于当时欧洲资本主义基本矛盾所引发的周期性经济危机和阶级矛盾的激化。那些新的矛盾、新的问题的出现，在催生理论的突破和创新。这种突破和创新主要体现在，通过认真研究问题之所在和主要症结，运用已有的知识积累，汲取前人的优秀思想成果，通过思索和探讨，进行归纳和提炼，使其升华和提高，从而可以更准确地阐释现实，更有效地指导实践。这一点，无论是国家、社会，经济、文化；还是科技、教育，学科、专业，莫不如此。就城市与建筑而言，不论是社会还是业界，当前颇有微词的指向是城市的形象雷同和特色殆尽，以及建筑的或平庸、粗鄙、拙劣，或求洋、描古、作怪，这种状况让业界充满着焦虑和思变，也引起了高层的关注和期待。因此，我们必须以高度的文化自觉与自信，在吸收传统建筑文化精髓和境外优秀规划设计理念的基础上，以文化自强的勇气，不断推动建筑设计的创新和发展，创作出具有浓郁地方特色、鲜明民族风格和强烈时代精神的建筑作品，这一重任已历史地落到当代建筑师的肩上，而且一些有责任感的建筑界同仁已经为此在建筑设计中积极探索并在创作实践中寻求理论的突破。

崔愷是我国自己培养出来的本土建筑师，也是在改革开放中成长起来，在开放竞争的设计市场中脱颖而出的优秀建筑师。在同龄的中青年建筑师中，他主持设计并付诸实施的工程项目是比较多的，其中不少项目屡屡获奖，受到各方面的好评，在当代建筑设计界产生着重要的影响。在繁忙的建筑创作生涯中，他乐于学习、勤于思考、善于总结，以其切身的感悟，提出了"本土设计"的理念，确立了"本土设计"的基本策略，并以此指导他和团队的创作实践；对接手的工程项目，按照"本土设计"的立场和方法，去研究分析，找出个案具体的对策，拿出合乎逻辑的构思，提出业主和社会认可的方案。关于"本土设计"的内涵和要点，作者在相关文章和场合已有表述，力求全面而又扼要地提出纲领性的要义，搭起框架性的体系结构，使这些成果能为深入探讨和不断完善"本土设计"这一设计理念打下基础。相信在这个基础上，有关"本土设计"的研究和讨论还会继续和深入下去，"本土设计"本身亦将日臻科学和完善。正如作者自己所言："本土设计的立场和方法还是比较可行、实用的，而它的不成熟、不完整、不系统也在所难免，特别希望各位同行给予指教、补充。"这里我们希望崔愷院士能秉持"本土设计"的理念，在建筑创作上能有更多体现"本土"内涵的精品佳作问世，并继续"本土设计"的深化研究，在理论建设上亦有建树。

是为序。

宋春华

2015.6.22

PREFACE

It is a pleasure to learn that *Land-Based Rationalism II,* the second monograph by Academician Cui Kai on Native Design will be published soon. This book covers a number of important projects created by the author based on Native Design in recent years, and it also contains discussion articles by the author and other architects on Native Design and Cui Kai's creation-guiding ideas. With articles illustrated by pictures, this book is very interesting.

Practicing architects are different from architectural theorists, critics and planners, and they are also different from architectural educators, because their achievements are evaluated on the basis of their outstanding representative architectural works.

China is undergoing rapid economic growth and fast urbanization, and large-scale construction projects are under way, which provides many opportunities for architects.

Needless to say, although there are many excellent works, a larger number of works are inanimate or even mediocre, just following the Western or the ancient styles and lack of cultural connotations. In particular, some large key projects which are located in important places, of memorial significance and should have become landmarks were not brilliant, but boring and heavily criticized. This phenomenon is probably not caused by funding, technologies or materials, but mostly caused by creative and design concepts. Therefore, it is necessary to discuss what is the key to the creation of a good work.

"Success depends on forethought" should be borne in mind. Designing is like writing articles in that "working out the plot before putting pen to paper" is very important. In terms of architectural creation, "forethought" and "plot" are "conception" and "creative ideas". It is believed that most architects do not design until thoroughly studying theories (of course, theories can be studied and drawn upon). But surely, they are guided by certain ideas and concepts to study how to handle the relationships among architectural elements, choose the aesthetic orientations of architectural forms, and establish the cultural expressions of architectural images. It should be pointed out that these concepts and ideas are theoretical reserves studied, practiced and summed up by architects for a long time. They are already in architects' mind, and they are basically theories. Therefore, theories should not be deemed as mysterious, unattainable or faraway. Actually, we are always consciously or unconsciously using some theories to guide our designs and practices.

In the history of architectural designs, most design masters in certain eras not only have representative works, but also put forward some original ideas, theories or doctrines which constitute their concepts and principles of their designs. For example, Mies Van der Rohe advocated "less is more" to expressed his basic conceptions of modern buildings and his consistent minimalism; Frank Lloyd Wright put forward "organic architecture" and "prairie architecture"; post-WWII Japanese architects proposed "organic renewal", "metabolism" and contemporary "Kuma negative construction"etc; and some concepts ("modern vernacular architecture", "regionalism architecture" and "critical regionalism architecture") are related to land-based rationalism. It is easily found that these ideas, theories or doctrines were put forward, developed and improved to solve problems in reality. They are strikingly problems-

CONTENTS

THINKING · THEORY

REVIEWS FROM OTHERS

关于本土　　ABOUT LAND-BASED RATIONALISM

2009 年年初我出版了第二本作品集，取名"本土设计"，主要是表达设计应立足土地、建筑要接地气的意思。当然，这里所指的土地不仅仅是作为自然资源的大地，也泛指饱含人文历史信息的文化沃土。回顾自己过往这些年的作品，之所以有些特色，都是因为那里的自然和人文环境有特色；之所以被认可，也是因为那里的人们看到了他们所熟悉的形态语言。经过了 30 年的思考与实践，我渐渐地悟出来：设计原本就应该是这样的啊！

但现实中的情景并非如此。大量的千篇一律的平庸建筑使我们的城市很快就失去了特色，许多城市未来的愿景图中充斥着代表时尚潮流的玻璃塔楼，前者表现出重量轻质的短视需求，后者反映出求新追洋的不自信心态。在很多人眼里，建筑就像时尚商品一样可以随意挑选、随便消费，而不少建筑师也就投其所好，画出各式各样的造型供其挑选，完全没有理性的思考和原则，唯一的目的就是让业主满意、赚取设计费，这也许就是许多建筑没有"根"的根本原因吧！

几年来，我以"本土设计"为题在国内外做过几十场演讲，得到了许多业内同行和高校学生的积极反响和欢迎，但也有一些质疑和不以为然的反应。我知道，任何一个学术观点的提出都有一个质疑、讨论、修正、完善的过程，我也认为，在当今信息爆炸的时代，多元化是一种必然和常态，很难让大家把关注点集中到这种比较宽泛的观点上来，但我还是想在此对一些比较集中的问题谈一下自己的看法。

总有人问，本土设计与地域主义是什么关系？言外之意，既然有了地域主义的定义，是否还有必要提本土设计。我应该承认，自己提出的本土设计的概念其内涵有很多是与地域主义的观点一致的，或者说是学习地域主义设计理论的结果。但是，其中的确有很大的区别。其一，本土的意思是立足土地，这土地是很具体的建设场地，并不是泛指一个地域，换句话说，其解决方案只针对某个地段、某个环境和某个目的，并不试图代表这个地域的通用性。其二，本土设计强调的是一种立场，一种思考创作的路径，一种方法论，而不特指某类建筑，也就是说，并不想定义某类建筑是本土建筑。而地域主义是定义与某个地域文脉相关联的建筑作品或建筑倾向，它也比较强调对地域传统和文脉的传承。两者比较，前者强调立场和方法，后者强调结果。以前者的立场和方法可以创作出适合特定环境的建筑来，可能是有地域特色的，也可能呈现其他的特点。其三，在业内，弗兰姆普敦的"批判的地域主义"有很广泛的影响和认同感，它特指在地域文脉的传承上反对形式模仿，强调创新和与时俱进，这无疑是正确的，与我所说

的立足本土的内涵是一致的，甚至说界限划得更明确。但从社会层面来讲，这个概念从字面上就较难理解，为什么说地域主义又要批判呢？是反对还是赞成？恐怕不看内涵、不详细解释便不容易理解。所以相对来讲，本土设计更容易理解。

许多朋友担心，讲本土设计容易被理解为本土人设计，是市场保护的主张。我初时也有点儿纠结，因为开始翻译成英文用"Native"这个词的确有民族性的含义，而我又特别反对这种狭隘的立场。实际上，我一直认为建筑师的实践活动应该是开放的，虽然建筑师对自己生活的环境的熟悉会使自己在当地的创作活动有先天的优势，但这并不意味着这种关联性具有排他性，换句话说，非本地建筑师并不会由于没有这种优势便无法在这里设计出好的建筑来。其实关键在于建筑师对建筑所处环境是否有深入的了解，当然也取决于建筑师的职业水平和创造力。事实上，近些年来国内各地一批优秀的建筑作品的确出自外国建筑师之手，而大量毫无特色的平庸建筑的出现反而是我们本土建筑师的作为。出现这种令人尴尬的局面并不奇怪，只要客观地分析、比较中外建筑师在设计上投入的精力和时间、人力和物力的成本便可见一斑，更别说与他们在经验和水平上，尤其在创新能力上的差距了。当然，更重要的一点是，这些著名的国际大师们对我们的本土文化似乎更敏感、更尊重，也更善于用当代的、甚至他们个性化的建筑语言巧妙地表达，创造出让我们中国人也引以为豪的、代表中国文化的标志性建筑。这其实可能也是许多地方政府更愿意邀请外国名师来参加竞赛的原因。由此看来，我们常常抱怨的"崇洋媚外"现象也有一定的道理吧。其实，我个人更愿意把建筑师分为负责任的建筑师和不负责任的建筑师，负什么责任呢，就是社会的责任、文化的责任、生态环境的责任，当然也包括为客户服务的责任，这也是最起码的责任。所以，我认为本土设计不应该是本土人设计，事实上，我们大多数建筑师并非只在自己生活的城市做项目，更多的是在我们并非特别熟悉的其他地方做，甚至还要走向世界，因此市场保护主义并不是我们所情愿的。

也有不少朋友有点儿疑虑，谈本土设计会不会把大家引回到已经争论很多年的"继承传承""民族形式"的"形似和神似"的老话题上去，毕竟在今天全球化的语境下，这种保守的、怀旧的情结并不太容易被大家接受。其实我也是这么想的，如果我们总是在历史传统面前畏首畏尾、踌躇不前，势必影响我们的建筑创新，而且也不能对这个时代做出应有的解释。所以，我们说的本土设计或者说以土为本的设

计，概念的内涵是远远大于"传统""民族"的概念的，其中的要素既有人文的、又有自然的，既有历史的、也包括当代的，只要能影响到建筑所处的环境的要素都在其中。而本土设计就是要从这众多的要素中寻找思路，用当代的设计语言巧妙地将其表达出来，从而成为有本土特色的建筑作品。我们自己在不同的项目中一直坚持采用这种策略，从项目所处环境中提取有特点的要素作为切入点，然后选取恰当的建筑语汇去表达，也研究如何有效地控制结构和设备的技术系统，力图让建筑空间的形态与建筑功能的要求贴切地吻合，最后还要把握室内设计和景观设计与建筑的整体协调性，避免因为建筑的夸张语汇与功能相左，避免建筑设计与其他专业设计不协调，避免徒有其表的纯装修手法，避免里外两层皮的拼凑而成的面子工程。总之，我认为在本土中提取的要素不应被简单、直白地用在设计中，而应将其转化成建筑的语汇，最好与当代建筑美学还能接上轨。

尽管含义宽泛的本土设计并不纠缠于传统、民族形式的传承问题，但显然这也是一个绕不开的话题，尤其是当今社会大众在批评我们的城乡建筑缺乏特色的时候，往往言下之意指的是我们的建筑缺乏大家所熟知的传统特色。于是，许多地方为了打造特色，也为了旅游的需求，往往大规模地复建或重建所谓的历史风貌街区，这种很普遍的造假历史的现象是我们担心的，也是不包括在我们所说的本土设计范畴之中的。那么，到底如何处理这类问题呢？我个人认为也可以采用本土设计的策略，依据具体场地环境的条件来定。比如，在历史遗存建筑较多的古城街区，设计就宜于采用比较传统的形式，或者以继承为主的手法去协调，但也要注意有所区别，避免造成历史真实性的混淆。而在历史遗存较少的地段上，就可以比较创新地、变异地、多元化地表现建筑的地域性，这中间还可以有对比的过渡式的手法，只要把握好度，一样可以形成统一中有变化的有机生长出来的混搭风貌，不仅不会影响总的特色，甚至更丰富、更精彩。这种因地制宜的方法使原来停留在标语口号上的泛泛而谈的民族形式可以因时因地的落地、具体化，而不是概念化、统一化、范式化，这其实也会更有利于传统的继承和发展，因为历史的本质是发展，而不是停滞或者回归。总的来说，在本土设计的概念里，传统文化不应再是个沉重的包袱，而应是我们的宝贵资源，适时适地地取用，适宜适度地发展，不断推陈出新，这是我们的历史责任。

在本土概念的讨论中，也有朋友提出，本土包罗万象，有积极的一面，就一定有消极的一面。比方说，今天大家议论最多的那些标志性

建筑往往反映出社会政治或经济生活中一些不健康的心态。还有许多徒有其表和廉价的装饰性古典建筑，也代表了我们今天社会的浮躁心态。那么，这些建筑也算是反映当下本土文化的建筑吗？的确，我完全同意这样的推断。事实上，就像那句老话"建筑是石头的史书"一样，任何一个时代的文化都会多多少少反映在那个时代的建筑上，不以人们的意志为转移。从本土设计的逻辑来说，真实、全面地表现当代文化状态也是自然的。这也就是说，本土设计出来的建筑也未必都

是好作品，这是肯定的。这也是为什么我一直只说本土设计而不提本土建筑的原因，因为在不同的利益和价值观影响下，真是难以把由此产生于本土的建筑归纳为一个明确的定义，相反，强调本土设计的立场在概念上还是比较清晰的。虽然我们不得不承认，当下中国建筑水平不高与这个时代的某些消极影响有关，是真实地反映本土现实的结果，但我认为，深入挖掘我们脚下这片沃土中的积极、善良、和谐、务实的文化传统，创作出值得后代认同和珍惜的建筑，仍然是我们建筑师不能推脱的历史责任。所以，在汲取本土中的营养时，还是应该剔除糟粕、取其精华，对领导或业主的一些价值观和心态，要积极主动地引导而不是简单地迎合、追随。这里面有一个建筑伦理的问题。实际上，通过包括建筑师在内的各界有识之士的共同努力，在我们创造出属于这个时代的优秀作品的同时，也能反过来消除或减少渗入本土之中的毒素。

我一直把本土设计的概念想象成一棵大树，它深深地扎根在饱含人文历史和自然生态要素的沃土中，通过立足本土的理性主义创作躯干，能够生发出不同的建筑流派的枝条，既可以有文脉建筑，也可以有乡土建筑；既有生态节能建筑，也有大地景观建筑，最终呈现出枝繁叶茂的繁荣景象。我觉得这样比较符合建筑的客观规律，是一条可以越走越宽的大道，而不必再去寻找所谓唯一正确的独木桥了。

10年来，我和我工作室的青年建筑师们一直在本土设计的方向上学习、研究、思考、实践。坦率地说，正如我们的作品不太成熟一样，我提出的本土设计理论也远不够成熟，甚至现在只能说是一种立场和策略。但对我这个已过知天命年纪的建筑师来说，本土设计的理念的确像一颗定心丸，吃了下去心就平和多了。每每接到一个新项目，都用本土设计的立场去研究分析，找到合适的策略，选择适度的方法去解读问题。不用急躁，也不用有太多犹豫和压力，构思好像总能比较自然、合乎逻辑地呈现出来。而这样产生的构思方案拿出来与业主沟通，好像也比较容易得到理解和认可。这说明本土设计的立场和方法还是比较可行、实用的，而它的不成熟、不完整、不系统也在所难免，特别希望各位同行给予指教、补充。

——原载于《世界建筑》2013年第10期

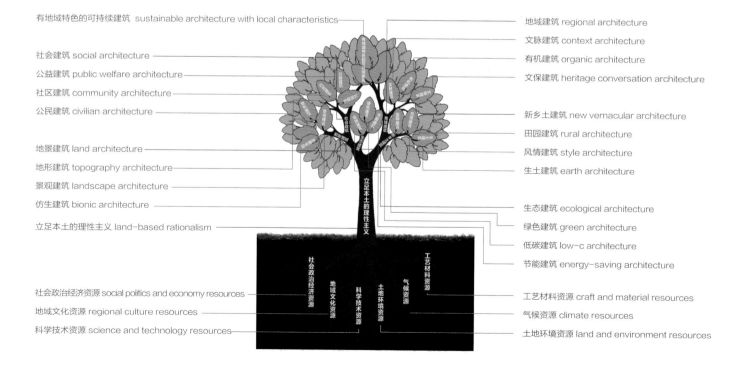

有地域特色的可持续建筑 sustainable architecture with local characteristics

社会建筑 social architecture

公益建筑 public welfare architecture

社区建筑 community architecture

公民建筑 civilian architecture

地景建筑 land architecture

地形建筑 topography architecture

景观建筑 landscape architecture

仿生建筑 bionic architecture

立足本土的理性主义 land-based rationalism

地域建筑 regional architecture

文脉建筑 context architecture

有机建筑 organic architecture

文保建筑 heritage conversation architecture

新乡土建筑 new vernacular architecture

田园建筑 rural architecture

风情建筑 style architecture

生土建筑 earth architecture

生态建筑 ecological architecture

绿色建筑 green architecture

低碳建筑 low-c architecture

节能建筑 energy-saving architecture

社会政治经济资源 social politics and economy resources

地域文化资源 regional culture resources

科学技术资源 science and technology resources

社会政治经济资源

地域文化资源

科学技术资源

立足本土的理性主义

工艺材料资源

气候资源

土地环境资源

工艺材料资源 craft and material resources

气候资源 climate resources

土地环境资源 land and environment resources

In 2009, I published my second portfolio, Native Design, or Bentusheji (base-earth-design) in Chinese. It is a design strategy that regards the resources of natural and cultural environment as 'earth', and as the 'base' for design. When I review my recent works, I found the sparkles in them are mostly derived from the remarkable natural and cultural environments. If my works are accepted by the local residents, what they accept is the familiar formal vocabularies. After 30 years practices, I gradually realized that it is the real nature of design.

But the reality of social environment is not so ideal. On one hand, thousands of mediocre buildings have already wiped off the distinctive characteristics of our cities; on the other, the image of future cities are considered to be clusters of shining skyscrapers. If the former is a myopic requirement that overrates the quantity but ignores the quality, the latter will be recognized as an unconfident of our own culture. That is true, for most of people, architecture is a kind of goods that could be selected and purchased as fashion items. As a consequence, purely to satisfy the clients and earn money, not a few architects degraded their works to be a formal production without rational thinking and principles. Maybe that is the reason why lots of buildings are "rootless".

Last years, I made speeches on the topic of "Land-based Rationalism" at home and abroad, some colleges and students welcomed the idea, some questioned it. In my opinion, there is no academic viewpoint presented without query, discussion, correction and improvement. It is even harder in the era of information exploration to ask people focusing on such a loose viewpoint. But I still want to explain several issues questioned repeatedly.

Someone will ask, is there any relation between Land-based Rationalism and Regionalism? In other words, since regionalism is an existing academic term, is there any need to bring out a new theory, the Land-based Rationalism? It should be acknowledged that the Land-based Rationalism shares some viewpoints with Regionalism, even comes out from the learning of Regionalism. But there is really a large difference between them.

First of all, in the term of "Bentusheji"(Land-based Rationalism),

"bentu" means based on the site, which is a specific place of the design, not a general region. In other words, a strategy of "Bentusheji" is concretely aim to certain site, certain environment and certain purpose, and it could not represent the universal design principles of a region.

Secondly, the Land-based Rationalism is more of a positioning than a theory or a type of architecture. It has no attempt to define any building as a Land-based Rationalism architecture. In contrast, Regionalism is a definition of architecture works and thinking that associated with regional context. It pays more attention to the inheritance of local tradition and context. In a word, the former focuses on method and positioning, while the latter focuses on result. We can design a building suitable for its environment with methods and positioning of Land-based Rationalism, and the building could represent regional features or other features.

And then, third, the Critical Regionalism, proposed by Kenneth Frampton, is a well-known academic concept in architecture field. It refers in particular to a non-imitative creation to present the heritage of regional context and keep pace with times. This is surely right, sharing the same position of Land-based Rationalism or even defining the situation more clearly. But maybe on public level, it is hard to understand this term. Why the Regionalism is critical? Does it oppose or approve Regionalism? Without particular explanation, People could not know its meaning literally. Comparatively speaking, Land-based Rationalism is a much more comprehensible concept.

Beyond that, someone could concerns that Bentusheji, initially translated into "Native Design" is a proposition to protect native designers in the local market. Maybe in some scene the word "native" here could be understood with some exclusive meaning that is far away from my position for an opened architectural market. Of course, the familiar of his homeland will give native architect advantage in local projects, but this relativity should not be equaled with exclusiveness. In other words, we could not equal nonnative with unsuccessful design.

For an architect, the key factors to create a successful design are his thorough understanding of the site and its environment and his professional ability. In fact, a good deal of excellent buildings emerged in China are designed by foreign architects, meanwhile numerous mediocre buildings are works of native architects. We could not consider the embarrassing situation a strange result, if we compare the efforts, time, resources the foreign and native architects input in design projects, not to mention the distance between their experiences, abilities and innovation capacities.

Moreover, some famous international architects are more sensitive to our own culture. Not only respecting the traditional Chinese culture, they presented it by modern architectural languages with remarkable personalities to general landmarks even make Chinese proud. Maybe that is why many local governments prefer to invite foreign architect into international design competitions. By this taken, the "foreign worshipping" trend we usually blamed is quite reasonable. To divide architects into native and foreigner, I'd rather to divide them into responsible ones and irresponsible ones. The responsibilities an architect should admit including the social responsibility, cultural responsibility, ecological and environmental responsibility, and the most fundamental one, the responsibility to serve clients. So, in my opinion, the Land-based Rationalism or Bentusheji is not a claim for native architect. Most architects do their job outside their own hometowns where are not familiar to them or even alien. In this case, market protectionism would never be a choice of architects.

Will the discuss of Land-based Rationalism reopen the old topics, such as "inheriting heritage", "nationality style" and "the likeness of shape or spirit", which are confused Chinese architects for more than half a century. In the context of globalization, such a nostalgic sentiment is obviously needless. I agree that if we always hang back to the old time, we could hardly do any innovation for architecture design or do any response that the era desired. The Land-based Rationalism we talked is a concept covers more than tradition and nationality. It contains all the factors of the environment where a certain building stands, including cultural and natural, historical and contemporary aspects and so on. What the Land-based Rationalism

aim to do is to find the way to present valuable natures of them by modern design language and create the land-based architectural design.

We always adopt this strategy in various design projects by selecting the characteristic factors of the environment, choosing the appropriate architectural vocabulary, researching the controllability of structure and service systems to integrate the form and function, even the interior and landscape design of a building together. It is an effective way to avoid the conflicts between the dramatic forms and the practical functions and between the architectural design and other professional designs. It also helps us to avoid making our works to be ornaments or decoration, to be a fake building covered with an attractive façade. In brief, I prefer the resources of the land should not be directly paste into our design, but be carefully translated into contemporary architectural language.

Although it is a loosely defined term not absorbed in the inheriting of nationality forms, the Land-based Rationalism itself is hardly to keep out of the issue, especially when the public are still criticizing the lack of characteristics of our cities. In many cases, the lack is considered as an absence of the familiar traditional features that causes the trend of reconstruction of so-called "old look street" in a lot of cities. The common phenomenon of fake historical building is dangerous and not a strategy included in the realm of Land-based Rationalism.

In my opinion, dealing with the traditional features also could follow the strategy of Land-based Rationalism to respect the conditions of certain sites. For historical neighborhoods in old towns or cities, the reconstruction and renovation should respect the traditional buildings of the sites with means derived from the old features. At the same time, distinctive appearances from the old ones must be required to avoid the confusion of historical authenticity. While for the region lack of historical remains, architect could apply more innovative, diversified means to represent the characteristics of the site. Sometimes, appropriate comparison of old and new also provides organic and hybrid texture that works more vividly.

To inherit nationality form is not a slogan that restricts all the buildings and designs to develop under same standards. It's an effective and reasonable way to adjust strategies to differing site conditions. Since the nature of history is never stagnant or retrograde. In the concept of Land-based Rationalism, traditional culture should not be considered a heavy burden but remarkable resource by appropriate means to employ and develop. Bringing forth the new through the old, is historical responsibility of our generation.

In the discussion of Land-based Rationalism, someone said, the factors of the "land", of the natural and cultural environment are various. Some of the factors are valuable and some are disadvantageous. For example, those landmark buildings that cause social disputes are somehow the reflection of ill attitude of our political and economic lives, while those cheap and decorative western classical buildings in China are also indication of the fickleness of the society. Can we say they are architecture of local cultural? I couldn't agree more with this conclusion. As the old saying, "architecture is stone book of history", culture of any era may influence the architecture of the era. It is a fact whether one likes it or not.

In the logic of Land-based Rationalism, it is necessary to present the current situation of the local culture, honestly and thoroughly. Maybe it's not a principle to produce great building. I know it, and that is why I prefer to emphasize the strategy not architecture of Land-based Rationalism. Under the influence of different benefits and values, architecture of a certain region is hard to define by a specific conclusion, while to focus on the position of Land-based Rationalism is much more feasible.

We have to admit that the current architectural design quality of China is a real consequence of current China, of cause including the negative factors. But if we try our best to excavate the positive, kind, harmonious and practical spirit of our traditional culture, we can still create buildings that deserve to be respected and cherished. For us architects, it's an obligatory historical responsibility. From the view of architecture ethics, we should reject the dross and assimilate the essence of native culture, to guide the client to healthy aesthetic instead of following their unreasonable demands. And in turn, the efforts of architects and others of our community to create excellent works of our era will finally reduce or even eliminate the toxin of native culture.

I prefer to consider the idea of land-based rationalism as a big tree rooted in the fertile of cultural tradition and natural elements. Situated in the land, with the trunk of rationalism creation, it burgeons out various branches, including the branch of context architecture, branch of vernacular architecture, branch of ecology architecture and branch of landscape architecture and so on. Composed by all of these ideas, a prosperous vision of architecture theory emerges, that is in line with objective laws. In my view, a growing avenue is much better than an exclusive only-correct way.

In recent decade, my young colleges in my studio and I have made the effort to study, research, think and practice the land-based rational design. Speaking frankly, the theory of land-based rational design is as immature as our works. It is just a position or strategy, by far. But, as an architect aged over 50 years, the age to know one's fate, according to Confucius's motto, the theory is a pill to make myself mental calm. Every time I undertake a new design project, I will research and analysis it on the point of Land-based Rationalism, to find a proper strategy and to resolve the problems with adequate methods. Without testiness, hesitation or pressure, ideas emerge naturally and logically, and are more acceptable for clients. In my opinion, the approaches of Land-based Rationalism are feasible and practical, as well as there are inherent immaturity and incompletion in it. Please oblige me with your valuable comments.

——World Architecture, October, 2013

建筑与自然环境和谐相处，让建筑仿佛从大地中生长出来

Respecting local native culture and integrating local elements into contemporary architecture

自然主题 NATURE

风之艺，地之灵

Developing with the wind, emerging from the ground

敦煌莫高窟游客中心 · MOGAO GROTTOES DIGITAL EXHIBITION CENTER
设计 Design 2008 · 竣工 Completion 2014

用地面积：40000平方米 · 建筑面积：10440平方米
Site Area: 40,000m² · Floor Area: 10,440m²

合作建筑师：吴 斌、冯 君、赵晓钢、张汝冰
Cooperative Architects: WU Bin, FENG Jun, ZHAO Xiaogang, ZHANG Rubing

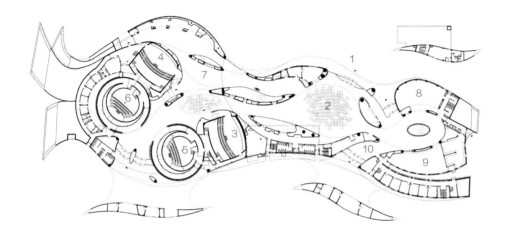

1. 主入口
2. 接待大厅
3. 1号数字影院
4. 2号数字影院
5. 1号球幕大厅
6. 2号球幕大厅
7. 数字展示
8. 纪念品销售
9. 餐厅
10. 回程大厅

首层平面图 first floor plan

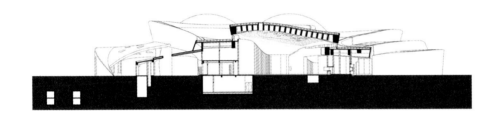

剖面图 section

莫高窟被誉为"东方艺术宝库",但庞大的游客数量也对遗产的保护和管理造成很大困扰。这座建于绿洲和戈壁之间的莫高窟数字展示中心即为缓解景区的保护压力而建,集合了游客接待、数字影院、球幕影院、多媒体展示、餐饮等功能。

设计伊始,我们最初的感动来自对大自然的敬畏和对古代工匠精美艺术的敬佩。这座建筑,应该是大漠戈壁中的一座小沙丘,造型既如同流沙,如同雅丹地貌中巨舰般的岩体,又类似矗立在沙漠中的汉长城,莫高窟壁画中飞天飘逸的彩带,充满着强烈的流动感。若干条自由曲面的形体相互交错,婉转起伏,巨大的尺度和体量将沙漠地景建筑的特征表达得淋漓尽致。

充满动感的语言特征从室外延续到室内,所有的公共功能均为开放空间,顺应外部形态的变化,室内空间的高度也随之变化。结构支撑体用墙将不同功能、不同高度的空间进行划分,界面清晰明确。

Mogao Grottoes Digital Exhibition Center is located 15km away from the Mogao Grottoes. To protect the precious cultural legacy, most of the exhibition and tourist service functions are set here. We designed the building as a flowing volume with sand-like surface and dune shape, which help to harmonize it with the its environment. The double ventilating roof can reduce the solar heat effectively, and the underground ventilating tube can cool down the air flow and reduce the cooling load.

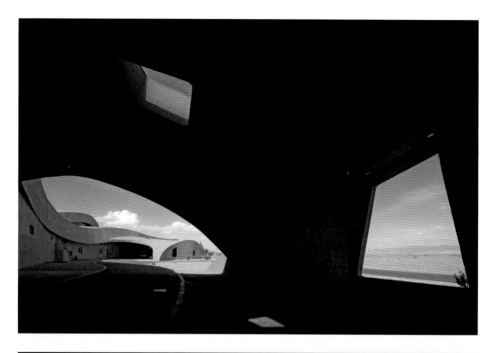

融入山野的现代茅庐
Modern cottages in the silent nature

中国杭帮菜博物馆 · CHINESE HANGZHOU CUISINE MUSEUM
设计 Design 2010 · 竣工 Completion 2012

建筑面积：12470平方米 · Floor Area: 12,470m^2

合作建筑师：周旭梁、吴朝辉
Cooperative Architects: ZHOU Xuliang, WU Zhaohui

合作机构：浙江大学建筑设计研究院有限公司
Cooperative Organization: The Architecture Design & Research Institute of Zhejiang University Co., Ltd.

融入山野的现代茅庐
Modern cottages in the silent nature

中国杭帮菜博物馆 · CHINESE HANGZHOU CUISINE MUSEUM
设计 Design 2010 · 竣工 Completion 2012

建筑面积：12470平方米 · Floor Area: 12,470m^2

合作建筑师：周旭梁、吴朝辉
Cooperative Architects: ZHOU Xuliang, WU Zhaohui

合作机构：浙江大学建筑设计研究院有限公司
Cooperative Organization: The Architecture Design & Research Institute of Zhejiang University Co., Ltd.

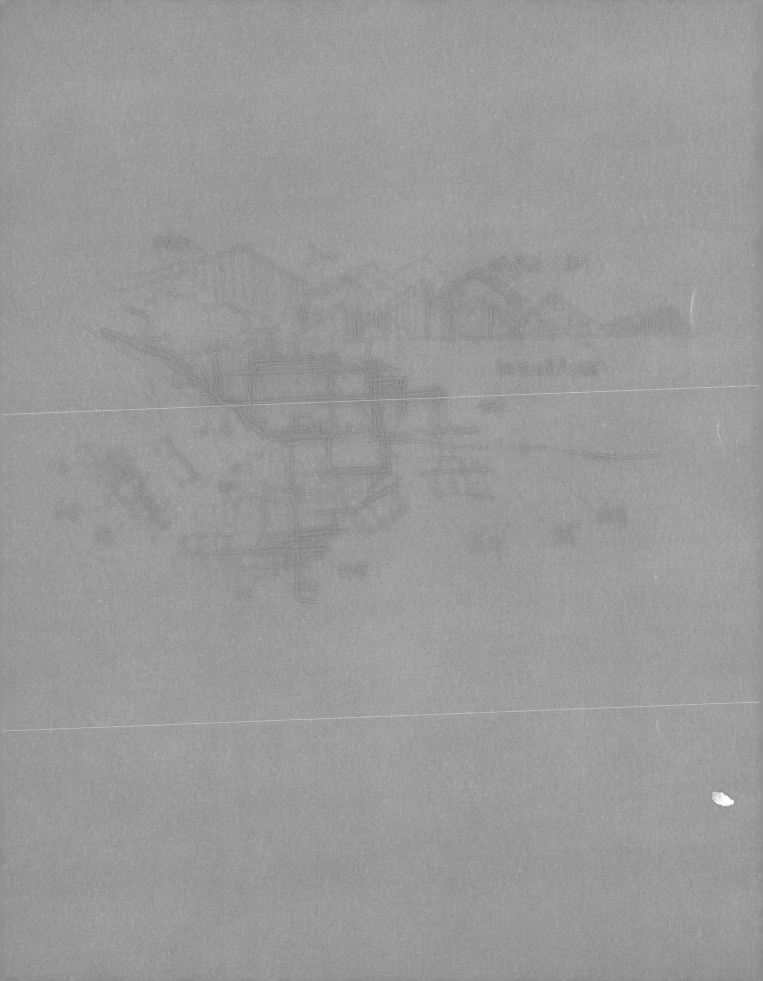

1. 博物馆固定展区
2. 博物馆经营区
3. 餐饮区
4. 贵宾楼
5. 公园湿地
6. 钱王山

总平面图 site plan

杭帮菜博物馆是集展示、体验、品尝"杭帮菜"功能于一体的主题性博物馆。作为地方饮食文化的载体,其设计用现代的材料体现了杭州"秀、雅"的神韵。建筑所在的江洋畈生态公园,原为西湖疏浚淤泥库区,经过将近十年的表层自然干化,已形成与周围山林不同的,以垂柳和湿生植物为主的次生湿地。为了削弱建筑对生态公园的压迫感,建筑体型随山势和地形蜿蜒转折、自然断开,划分成贵宾楼、餐饮区、博物馆经营区和固定展区四个功能组团。

建筑体量的拆分,削弱对公园的压迫感,也保留了公园与钱王山之间的视觉通廊。连续折面坡屋顶的形式,进一步减小了建筑的尺度,形成统一而又富有韵味的形体和空间变化,并与自然山体轮廓相呼应。绿色植草屋顶也使建筑真正地融入环境之中。

各功能组团之间以木栈道和休息木平台连接为一体,这些景观元素同时也是整个公园木栈道系统的组成部分,可供游客休息、观景之用,长长的屋顶挑檐的遮蔽,使得室内活动的空间能够延伸到室外水边和公园之中。

A place for exhibition, experience and taste, the Hangzhou Cuisine Museum is designed with modern construction mode and materials to recall the elegant quality of Hangzhou. The building is located in a valley planted of weeping willows and wetland plants. In such a wetland park with unique scenery, the building is developed along the foot of Qianwang Mountain. The decreased mass minimizes the building's depression to the park as well as retains the visual channels from the wetland to Qianwang Mountain. Inspired by the undulation of nearby mountains, the continuous slope roofs diminish the building scale and gain a series of massing and spacial variation.

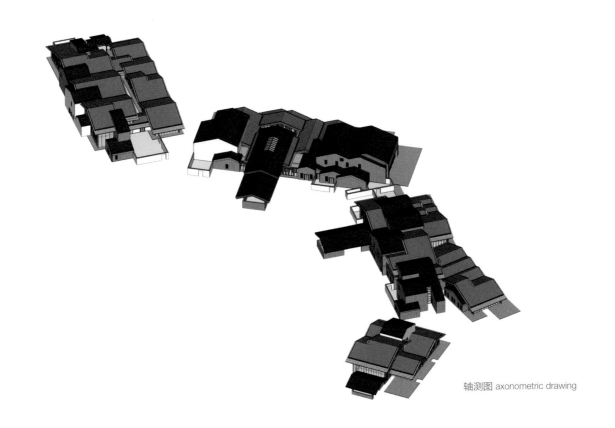

轴测图 axonometric drawing

借山之势，塑石之美

Being settled against the mountain and shaped as the rocks

中信金陵酒店 · CITIC JINLING HOTEL
设计 Design 2010 · 竣工 Completion 2012

用地面积：251260平方米 · 建筑面积：44460平方米
Site Area: 251,260m² · Floor Area: 44,460m²

合作建筑师：时 红、周旭梁、赵晓刚、梁 丰、金 爽、周力坦、张汝冰、刘 恒、潘观爱
Cooperative Architects: SHI Hong、ZHOU Xuliang、ZHAO Xiaogang、LIANG Feng、JIN Shuang、ZHOU Litan、ZHANG Rubing、LIU Heng、PAN Guanai

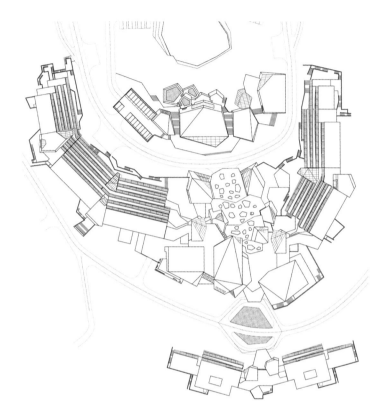

总平面图 site plan

中信金陵酒店位于北京郊外的山坳中，西北侧正对西峪水库。作为一处郊外度假酒店，建筑以"栖山、观水、望峰、憩谷"为主题，依山就势，产生层层跌落的形态，体现出与自然环境的融合。巨大的山石作为基本形态，标志出建筑的公共空间。建筑的中心位置是五层通高的大堂，空间层层叠退，引向内部，上部插入的天窗则如钻石般，产生变幻多姿的光影效果。两侧客房顺山势台阶状跌落，充分利用了山地环境及良好的景观朝向，实现了室内外空间的有机渗透。GRC挂板、生态木和玻璃等材料的搭配运用，赋予建筑粗犷、壮美的外观。尤其是GRC挂板，其表面肌理拓自真实的山石，并加入石粉以模拟天然色彩，凹凸明显，表情粗犷。相邻块材间彼此凹凸交错，表现出垒砌的关系，充分贴近自然。

Nestled against the mountains, the hotel is designed to enjoy the beauty of the northwest reservoir and the surrounding hills. The site strategy for the resort establishes an intimate connection to the mountain by the stepping backwards terraces. The public spaces are defined by several huge rock-like volumes, which also create fantastic effects by punching into interior. A 5-story-high lobby is characterized by the step back floors and crystal-like irregular skylights and flanked by two wings of guest rooms. Terraced layout is quite fit for the topography and gives every room a great view. Those GRC panels made by rock flour imitate the texture of natural rocks yet allow the structures to seemingly emerge from the land.

耿毅军 摄

再造自然——对崔愷中信金陵酒店设计的访谈

REINVENTING NATURE:
AN INTERVIEW ON CITIC JINLING HOTEL WITH CUI
KAI

Abstract

The CITIC Jinling Hotel is located in a valley of Dahua Mountain, 150km away from Beijing, where CUI Kai worked as an educated youth 30 years ago. Facing the dramatic view of his "second hometown", he found it's a big challenge to insert a modern hotel into the beautiful valley without destroy the nature. The lines of natural rocks and mountain were internalized into the design by referencing the profile of terrace fields.

在距离北京城区约两小时车程的大华山山坳中，一座层层叠叠的"梯田"式酒店静静地矗立在西峪水库的南岸。退台式客房呈U字形围合布局，中间部分"巨石"错落分布，爬藤正在努力蔓延到更多的阳台棚架和石缝。这座仅开始运行使用一年多、面积达五万平方米的中信金陵酒店似乎已成为这片壮阔山水的一部分。在北方干燥炎热的夏季周末，这里住满了参加各种会议和度假的人们。日前，《建筑学报》编辑刘爱华对酒店的建筑师崔愷院士进行了访谈，听他讲述了这个项目的设计历程与思考。

1 环境

建筑学报（AJ）：我们去的那个下午北京城里是有雾霾的，但到了山里后天空就不一样了，赶上小雨后的初晴和笼罩了整个山脉的晚霞，非常壮丽。初见这座山谷里的酒店，洋溢着一股疏朗的北方劲儿，与周边的山、水、树木等相当契合，并没有新建筑刚竣工时经常流露出的那种一团崭新、隔离之感。

崔愷：这里是赶在"十八大"前竣工的，2013年"五一"左右开始试运行。到现在还不是最终的状态，部分近水景观没有实施完，待路修

好水引进来，最终的感觉又会不一样。

AJ：您最初看场地的第一感受是什么？环境是最关键的切入点吗？中国城市规划设计研究院做了整片区域的规划，规划中酒店是这组建筑群的一部分，此外还有维思平、五合设计的别墅等。酒店在最初的规划构想中被寄予"显"的定位，但建成后的状态却似乎是有"显"亦有"隐"，您对于项目与自然的关系、"显""隐"关系等有怎样的考虑？

崔愷：实际上这个地方和我有些渊源。40年前我在这里插过三年的队，就在这座山后面的华山公社麻子峪村种粮食、挑水抗旱，冬天还有很重要的工作——垒梯田，就是在荒坡上把石头刨出来，垒成墙，再从平一点的地方取土，把地垫起来，来年就可以种粮食。场地前的西峪水库也是那个时期修建的。这么多年以后，我再回到这里，看到这片水库边上的土地，还是有一些感慨。

第一次看场地的时候，我觉得挺难下手。这个坡在水库南岸，后面大华山的层层山景很壮丽，但前面这个坡却比较平缓，以土为主。场地两侧有几栋两层小别墅，它们矗立在如此开敞的一个坡上，完全遮掩不住。在这样的情况下，要做一个五万平方米的会议酒店，还是很有挑战的。这个酒店的设施要求比较全，包括网球场、羽毛球场、保龄球场、游泳池、健身中心等，原来还计划有体检中心。这些空间占地很大，如网球场就要求10多米高，加上几百间客房，当把这些功能块用模型砌出来，体量很庞大，感觉会很强势地介入这个场地，破坏自然，而这是违反我个人的设计原则的。

AJ：看来您最初看到基地时并没立刻捕捉到某个特别的灵感，反而是感到了来自面积与尺度带来的巨大体量的挑战。

崔愷：是的，我们在初期方案中就有过一些退台设计，但总感觉很硬、太有气势。后来我就想到当年垒梯田这件事，用垒梯田的手法把建筑嵌入到山体里面，在国外也有类似的一些实例，如安藤忠雄的六甲集合住宅，但它垒得不够彻底，虽然和山是接起来的，还是一种独立的建筑姿态；我希望的垒梯田是把建筑整个融在山里，把体量消失掉，并不是要"显"这个建筑。

随之而来的问题是，客房可以用梯田的手法解决，那么多巨大的公共空间能否继续用梯田的手法解决？场地现状看着更像个土坡而非一座山，看着并不是很生动，而我们经常觉得很美的山，如黄山、崂山等都有巨大的崖壁和石头，这带来了启发。同时这个酒店当时的名字——谷泉会议中心，"谷""泉"就是山谷与泉水，也给了我们提

示。我们想用一些巨石把这个坡的空间感增强,让山的感觉出来。当然建筑是很难被真正地消隐掉的,但如果人工化、建筑化,还是会对自然环境有所影响,因此我们的设计思路从"建筑美学"转向了"自然美学",索性就加几块"石头",让它跟山能产生很自然的联想。"巨石"空间可大可小,可以放游泳池、球场,也可以放电梯筒或小休息厅,大与小的组合就形成了山石一般的那种尺度感。

我希望用这种方法"再造自然",这就是初期的想法。

AJ: "再造自然"其实是一个挺宏大的想法。

崔愷: 关于这个项目我们刚开过一个品谈会,有朋友这样来梳理场地与设计概念之间的联系性:"西峪水库是一个人工产物,梯田也是人工垒出来的,它们都是一种农业文明,根据人类的需要对自然进行改造。40年前为了兴修水利而再造自然,和今天为了旅游度假或会议功能而再造自然,实际上这个线索有一个连续性。"这个倒是我以前没想到的。

但我特别小心的是,当选择了一个模仿自然美学的东西时,它一定不是装饰,而必须是从外到内连贯的,是一种空间的介入。看上去是一个个巨石,但进去后能体验到这种再造的自然空间的魅力。

AJ: 自然所包含的内容非常多,在这里有山脉,有水库,还有天空、云彩、光线、树木等,具体哪个因素对这个项目的影响性更大?还是一个比较均衡的考虑?

崔愷: 这几个层面里其实都存在着从自然到设计的线索。前面说到的可能是和地形、山地的再造有关,为了把功能、体量嵌入到山体里,

浑然一体。

第二点与植物有关。水库上原有很多的树木,周围的山上树不是特别多,希望通过这个建设能够让整片山渐渐绿起来。绿化需要贯彻到每一层客房,因为我们修的是"梯田",梯田上一定有种的东西,慢慢地随着植被的生长,这个梯田将真正变成一个绿色的系统。酒店管理公司和业主提出说这个很难维护,但我们坚持,采用滴灌技术让植物能攀爬在露台外的棚架上。景观设计谢晓英老师用相当自然的景观语言、植被的配置,使花花草草能很快地呈现出融入自然的效果。

第三点是水。我们面对的西峪水库,离场地原本有一些距离,前面有一条市政路穿过。今年初春修了桥之后,水更靠近场地,之后景观设计将通过处理叠水的办法以及修一些坝,把水从水库引到建筑脚下,与酒店游泳池、室外泡池衔接起来。与水面的直接衔接,实际上是延续了这个项目中一个特别的考虑——营造出"谷泉"之意,水从石间蜿蜒而下的感觉。酒店中部大堂选择用银白色的金属做一系列中庭的屋面,也是和水的寓意直接相关,金属材质能够形成跟天光、跟水的反射。这是一条与水有关的逻辑。

第四点是跟天的关系。场地在水库南坡,整个建筑是向北的,北向建筑比较难做,整体光线比较暗,立体感不够,空间质量也可能会受影响。我们用层层错台把垂直向的空间舒展开,让从上部下来的阳光穿过屋面照射到中庭里,所以天窗采光应对的是向北空间中如何把光线引进来的问题。包括每一间客房旁边做一个棚架,棚架上面有一段有玻璃,也是希望阳光能照射到阳台上来,在这里度假的人们能坐在阳光下面,而不是坐在房间和阴影里。

再有一点我想谈的是体验,实际上我每次做设计都非常重视我个人的体验。来看基地时在这片山地上走,感觉这是一处普通的坡地,看周边湖景和山脉都很开阔。那么当进入一座山的时候,最好的体验是什么?对我自己来说,是在山谷里游走的时候那种折折弯弯的感觉,地形高度的变化带来视野的变化,有收拢有打开,这种体验比一下子全看清楚了的感觉要好。山水画有一种看法是把画从卷轴里一点点展开来看,这样会有在山里游走的感觉,画面在逐渐打开,人还在期待不一样的感觉。所以我希望在这个建筑里面也能有这种体验性。

2 功能与流线

AJ: 这是一个会议兼度假型酒店,会议和度假这两种定位之间存在冲突么?这样的定位对酒店的功能流线布局产生了哪些影响,有怎样

的取舍？从酒店的气质上讲，很多度假酒店很强调舒适性，有些时候甚至是一种享乐主义的物质化体现，但这里给人的感觉不完全是这样。

崔愷：近年来在北京郊区出现了一些度假村、培训中心，像怀柔雁栖湖边上现在已成北京的"会都"，是比较拥挤的状态，建筑与环境的比例关系不是很好，建筑看建筑，而不是建筑看环境。这是在北京很难得的一片净土，在这里最大的资源就是看风景，不在乎客房数多少，但所有客房都要看风景。

由于客人住的时间会比较长，需要体育和活动，酒店相关配置比一般酒店多，会议室较多，还有室内网球场、羽毛球场、乒乓球场等，游泳池也很大。因此，这里的功能配置比较突出会议酒店，但从整体景观和建筑布局来讲，强调回归自然，又偏向于度假酒店。酒店的来客会觉得这里有很好的风景，但很少会说这是很奢华的酒店，虽然这个项目做起来并不便宜。

因为是沿着山体布置客房，必然造成流线偏长。我们住商务酒店时特别不希望流线长，因为时间紧迫，需要很便捷地到达。但来度假酒店的客人多是慢生活的状态，流线长点儿也没关系，但要避免沉闷，所以客房走廊中结合楼梯间和平台等做了一些公共空间。这其中包含了两个想法：一是增加与环境交融的同时减少人的恐惧感，因为客房布局是折线的，一直看不到头的话会有种很封闭的感觉；二是针对会议酒店的特点——不同的会议分区域居住，同一会议的人一起去吃饭、开会，晚上回来后可能还要一起商量事情，所以需要一些公共空间，大家可以在这等候。在这里，看上去是连贯的客房，实际上被分成一组组并辅以相应的公共空间。

公共功能空间不是像常规做法集中区域设置，而是在大堂周围分散布局，使用者可能要找，但我认为找不是太大问题，可以依赖于标识和服务，同时寻找的感觉和在山里面逛的感觉又是一种相似的体验。

3 材料

AJ：面对"再造自然"这样的设计概念，具体到"梯田""山石"与"溪流"，您在选择材料时有怎样的考虑？用GRC挂板来表达对山间巨石的再现，在方案设计时就已经设定是这个材料吗？异形空间是否带来节点的挑战？

崔愷：外墙材料其实最初是想用石头，就是天然石材。对其的要求是，要和周围山体在颜色上一致，不能太突兀，同时近距离看时有肌

理。但碰到了很多问题：第一，找到合适颜色的石材非常困难，我们的理想色彩是偏黄的，大部分花岗石颜色偏粉，尤其北方石头多偏粉、偏灰；第二点是肌理，击爆、烧毛等各种石材加工工艺以及蘑菇石都试过，不理想；第三点是尺度，若想表达丰富的肌理效果，石材就需要做10cm厚，特别重、昂贵，且很难加工，这样导致单块尺寸没法太大。做了几个样板后，觉得虽然是天然材料，但是经人工加工后那种气质和我们想要表达的对宏大自然美的歌颂相差太远了。

后来就想试一下GRC挂板，最初的试样感觉有点肉，我和厂家说能否在附近的山上或采石场上的荒料去拓。他们总觉得边要对齐，我说不用。说到这儿我总是有一些联想，像日本大阪城宫墙城墙下都有巨大的石头，那种粗犷的气质给我留下很深的印象，所以我和厂家说不要考虑对缝。后来在现场做了比较大的几个样板，与天然石材一比较，业主就选定了这种材料。

但是在实施过程中出现了GRC挂板与玻璃界面、窗洞口边框在衔接上的问题，GRC挂板是有厚度且里出外进的，当时工程时间很紧，门窗公司已先把窗子都立起来，而外墙板还没挂。我们一直强调由于这个墙板比较厚，要门窗厂家先做副框，再去做玻璃，这样挂好墙板后能看到界面与框之间的关系，收边比较清晰，甚至边上应该是有一部分要用金属板来过渡，但是施工当中挺难控制的。另一方面是源于我们自己，没有因为后选了这个材料而修改设计，如果当时把窗整体收小，与墙板之间的交接主动留出一个缝，玻璃会跟石头质感的墙体形成一个嵌套，现在的感觉是粘上的。

关于材料，有一点是我想特别说的，关于GRC挂板和在"梯田"部分的客房阳台大量用到的生态木这两种材料，它们到底是一类伪材料，还是体现了一种积极的保护环境的态度？不少建筑师包括我都和宝贵合作过，大家都不约而同有一个纠结，就是这种材料是水泥，但大家却在用它仿铜、仿石等，以至于我每次用这种材料都需要重新思考下这件事儿的逻辑行不行。在这个项目中，首先视觉效果达到了我们的要求，第二也减少了天然石材的使用，如果要用这么多厚重的石材，对山的破坏是很明显的，而GRC挂板是用石材厂的石粉石渣加上无机的颜料配的，这本身是一个健康的材料，用了很多废料，科技部认定其属于绿色生态材料。

生态木也是这样，是一种替代型材料，为保护生态，用木的碎屑和添加料合成。虽然是假的、模拟的材料，但这种材料在国外用得也很多，并没有被认为是一种伪材料。实际上我个人一直认为，建筑当中

追求真的东西，在建筑学当中到底它的价值是什么？可能多数来自对材料真实性、结构真实性的纯建筑学的一种美学。但是我们应该看到建筑表达的丰富性，看历史上从古至今建筑学的发展，应该说很难做到那么纯粹，个别建筑中那种纯粹的做法很难普及到整个社会。所以"建筑绝对没有装饰"这件事儿，实际上是比较少的个例，我们作为为社会服务的建筑师，尤其当建筑面对特殊的风景环境，不刻意地建立建筑学本身的逻辑，而是建立建筑和自然之间的联系和逻辑，同时要符合更多的人能欣赏和辨认的一种艺术的时候，选用这些材料有它的价值。这个材料是假的，但它是有意义的，有它自己的逻辑性，并不是为了好看或表现自我，而是为了达到表现自然。

AJ：这也是一种价值观的判断，到底是要追求建筑学概念的纯粹性，还是要面对一个真实的具体的现实来解决问题。您怎样看室内材料的选择？

崔愷：在这个项目里，室内与建筑有着非常紧密的联系，大厅内部的空间形态是和建筑方案同时呈现出来的。我想如果外墙的材料能够进入室内，而不是目前这样光滑的石材，那么大堂部分可能呈现出非常不同的气质，但室内设计团队还是选择了石材，当然这里或许也有业主方的倾向。实际上只有一处酒窖内用了与外墙相同的GRC挂板，我们从这个局部可以想象可能的不同。

根据业主的要求，酒店需要设有内部和对外两个进入大堂的主要入口，二者高差30m，这样使大堂很大且高。我们并没有选择做一个巨大的屋顶，而是层层叠叠，每层都能看到不同的景观，以及反射到金属吊顶上的映射。我曾经在瑞士去看让·努维尔的卢塞恩音乐厅，巨大的金属棚架伸到湖的上方，在地面上看时不是特别有感觉，但到观众厅的最高层，就像从帽檐下看出去的时候，金属板的反射把湖光山色映射起来，给我留下了深刻的印象，具象的山水映射在金属板上变得非常抽象和朦胧。所以在这里也是特别强调吊顶板一定是有反光的，现在用的是不锈钢板，这也是一个很重要的选择。

4 场所与景观

AJ：在这个项目中您自己有哪些特别喜欢的场所或者某个具体的路径？参观时，晓铭带我们走了一些有趣的小径，时开时合的空间体验很像在爬山，这些小径与酒店客人的功能流线有关么？或者说您期待他们怎样来发现这些小径？

崔愷：设计当中依据地形、建筑形体、空间的组合，形成了相当多的缝隙空间，这里面既有主动预留的也有被挤出来的，所以很多平台并不在主要流线上，不仅对游人，甚至对我自己来讲也是一种发现和体验。谢老师做景观设计时对这些空间也特别感兴趣。

在游泳馆屋顶上有一处平台，就在大堂的前方，现在这个平台很受欢迎，在这里可以看到前面的水库，也可以回望整个场景。这个项目的总体大流线设定的是，从城里过来，先看到水库，看到山，转过来忽然发现已经离酒店很近了，是忽然发现的感觉，而不是远远地看一个建筑再逐渐地靠近它。大家来了之后先不进酒店，而是在这处平台停留一下，然后再进入大堂办手续。但这个平台的产生却是来自于设计上的一个失误——大堂的标高选择没有考虑其前方游泳池的屋顶结构高度，导致人站在大堂看不到水面。于是我们提出在游泳池的屋顶上做了一个平台的想法，相当于在山上又造了一块石头，在这个石头上可以往下俯瞰与回望。

还有一个我们很喜欢的地方是大堂上面的这条路，路再往上是给业主内部用的一个特殊接待区。在这条路上回看酒店的时候，建筑原本很大的体量消失掉了，变成一层左右的房子，这部分的尺度感觉很好。同一个建筑有两种不同的气质，一种是大气展开、依山而建，另一种则是如同很安静、很生态的村落一样，只有低矮的墙和绿化。

很少人能看到这个建筑的全景，全景照片要在水库的对面才能拍到，所以更多的人是在看一个一个局部。于是看这个建筑的角度比较多，这也变成流线中比较有吸引力的地方，包括在早餐厅从窗口往外看又是不一样的景致。空间及流线组成具有发现性和体验性，我觉得很符合在景区建筑的特点，和城市里的建筑是不一样的。

AJ：谢晓英老师做的景观设计与您做的大布局特别一脉相承，缝合了巨大岩石之间的缝隙，添加了很多生气和细腻的细节在里面，整体的气质也还是很"北方"。

崔愷：谢老师到了现场就特别喜欢，她是特别崇尚自然的一个人，所以我们一拍即合。景观用的都是很便宜的方式，种植天然的草花、撒草籽，而不是到处搬草皮；用铁丝网装上工地附近或原来留下来的石头，把墙围起来，还会从中长出草来。

5 施工

AJ：听说这里还有一个酒窖，是利用了因施工错误而形成的空间，具体是怎样的状况？

崔愷：这里面有一个比较重要的技术话题。当我们说要这个项目做成梯田式的，业主的第一反应是会不会很贵？实际上我希望是把楼房当平房来做，每层客房底下是实土，直接采用天然或条形地基。这是老百姓在山地上盖房的方法，基础比较简单，造价不会太贵，可能比较贵的地方就是中间大堂。但负责结构工程的朱总还是有一些担心，因为地基的勘探条件不是那么好，还是要做一些桩基。我们觉得如果不是很深的话问题也不大。

但实际上后来出现了比较大的一个修改。这个项目是2005年设计，2009年才启动，中间空了很长时间，再启动时时间变得非常紧，工期都倒排，为了"十八大"。北京建工集团进驻以后，等不及图纸就先平整场地，推土机哗哗一推，就把整个地形全都改了，推成很陡的挡土墙，然后再去做锚固加固等，有点像做一个大基坑一样。地基的土一旦扰动之后就没办法把它再堆回去，地形变成只有几个大台儿，建筑与其之间的空腔变得很大。底下的桩基和承台都整体往上推，造成桩基和承台这里就有很多空间；而因为建筑是层层后退，待回填时有些部分已经被封闭起来了，回填不下去了，施工团队没有山地建筑的经验。这样就形成一些负空间，就像地下空洞一样。我们原本是要把自然、山地与建筑融合在一起，我不太能容许在我的房子后面存在一些很深的沟，这样防水也不好，所以重新盖了板，上面做了很厚的覆土，种上草，所以你现在看到的房根儿后面实际上是空的。当然空也有一个好处，就是在客房走廊的另外一侧是卫生间的管廊，那里基本上不会受潮。

AJ： 施工的问题造成结构方案的改动了么？

崔愷： 造成了基础形式出现了比较大的问题，为此协调会开过很多次，最后协调的结果是有侧向的锚杆，基础和主体施工一体化。所以山地建筑中应预先判断好结构形式，否则的话对山体的削切又费工又费钱，效果也并不好。这和施工队的经验、设计时间，以及施工的时间都有关系。如果是不着急慢慢做，按照最初的构想，就是修梯田的做法，是最理想的方式。

6 结语

AJ： 这个区域的规划师邓东在《世界建筑》对这个项目的点评中写道："建筑一旦形成，即成为影响环境的一部分"，对比建造前的场地照片，这个建筑既契合了环境，同时对这个环境气质的改变也很大。

崔愷： 所以现在对这个酒店的定位有另外一种说法，即"体验型酒店""旅游目的地酒店"，周末就是来这换换空气，同时也是看看这个酒店，酒店变成了风景的一部分。

——原载于《建筑学报》2014年第8期（采访整理：陈佳希）

一堆从大地中生长出来的巨石，与泰山上裸露出的岩体峭壁遥相呼应
Emerging from the earth as stones of Mount Taishan

泰山桃花峪游客中心 · VISITORS CENTER OF PEACH BLOSSOM VALLEY, MOUNT TAISHAN
设计 Design 2009 · 竣工 Completion 2010

用地面积：36259平方米 · 建筑面积：7685平方米
Site Area: 36,259m² · Floor Area: 7685m²

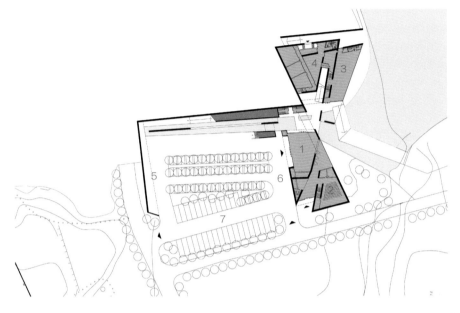

1. 接待大厅
2. 放映厅
3. 餐厅
4. 厨房
5. 上车区
6. 下车区
7. 停车场

0.000 标高层平面图 0.000 floor plan

剖面图 section

桃花峪游客中心位于通往泰山的道路旁，南侧是由彩石溪汇流而成的水库。设计保留基地内两处不同标高的停车场，并充分利用高差，用长长的坡道将上下山的游客流线以立体的方式组织起来，互不干扰但能进行视线交流。湖水被引入建筑内部，并结合坡道设置，增加上下山的情趣。

为充分利用优美的景色，接待大厅、餐厅等主要建筑空间靠近湖面设置。在上山候车区设置候车廊和挑棚，面向泰山方向。建筑跨过马路形成关口，利于管理。建筑形态充分呼应地貌特点，如彩石溪的石头一般棱角分明，混凝土更模拟了石头的肌理。当人们在"石头"间行走时，可以看到泰山雄伟的景象，建筑与自然山水融为一体。

Tourist Service Center of Peach Blossom Valley lies on the roadside to Mount Taishan. To the south of the site is a reservoir formed by stream from Color-stone River. Two parking lots at different levels are preserved in the site. And long ramps are built to organize the vertical circulation of tourists. The building form derives from the unique geological characteristics of the Peach Blossom Valley. The inclined structure of exposed concrete forms different special experiences. Walking among these "stones", tourists can catch great views of Mount Taishan. The chiseled part of cast-in-place concrete is used to simulate the patterns of stones in the Color-stone River.

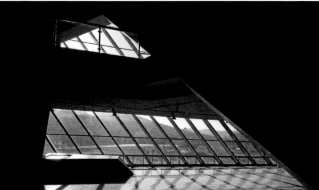

泰山石 ——泰山桃花峪游客中心设计随笔

TAISHAN ROCK:
JOTTING ON THE DESIGN FOR VISITORS CENTER OF PEACH
BLOSSOM VALLEY OF MOUNT TAISHAN

Abstract

Listed as Cultural and Natural World Heritage site, Mount Taishan is under the threat of overcrowded tourists and vehicles. The Peach Blossom Valley, a less notable featured by the colored stone creek, is determined to be the new entrance of the whole scenic region. To naturalize the Tourist Service Center, the abstracted expressiveness of colored acquired a dimension of natural metaphor in addition to the use of cultural references of Mount Taishan.

泰山是联合国教科文组织命名的世界文化遗产和世界自然遗产。文化遗产主要指从岱庙起步直至中天门、南天门和山顶古建筑群所涵盖的各类人文历史景观，而自然遗产则是指泰山西入口的桃花峪彩石溪的独特地质风貌。

泰山文化遗产广为人知，每年春秋游客蜂拥而至，狭窄的山道上、盘山的汽车里和悬挂的缆车中处处人满为患；而自然遗产鲜为人知，秀美的桃花峪倒总是清清静静。当地政府和景区管委会为了疏解旺季人流，平衡利用景区资源，便计划在桃花峪进山口修建游客中心一处，一方面提高服务质量吸引游客，另一方面也成为社会车辆和景区内部车辆的换乘站，限制外部车辆进山，减少对环境的影响。

游客中心规模不大，但处于世界遗产脚下也绝非小事。有幸应邀承担设计任务，便认真踏勘现场，研究环境。基地处于高差有 2m 左右的上下两处台地上。左边是道路，直通山里；右边有一小水库，把山里流出的溪水拦住，呈一池碧波。用地上原有几个破败的建筑准备拆除，路边水旁的几株大树完全保留。迎面向山望去，层峦起伏，气势磅礴；再回头看去，山下千亩桃林，郁郁葱葱。走进山口，凉风习习，路旁溪水清澈见底，定睛看去水底石床花纹斑斓，有如行云流水，有如山川叠嶂，仿佛仙人作画，鬼斧神工。蓦然想起山东各地许多大厦门前都立有一扇石屏，原来竟出自这里，谓之泰山石。请教专家，方知亿万年前，泰山从海底隆起，大地构造挤压变形，将不同质地的岩石融为一体，才有今日之美妙的图形，十分有趣，很有启发性。

设计还是从功能布局入手，坎上台地用作景区专用车发车场，坎下台地则用作社会车辆驻车场。考虑人流组织顺畅，采用长廊坡道连接上下，右手沿水边布置服务大厅和餐厅，旁边还配有小型地质博物馆和商店、卫生间及管理服务设施。各功能空间衔接若即若离，让游客在其中穿越，忽而室内，忽而室外，在建筑和风景中游走，体验场景的变化，似乎在山谷中游荡。

为了强化这种感觉，我们将建筑形态"自然化"。如结合空间的导向让体形或伏或仰；结合流线的组织让墙或断或续；结合地势的变化让建筑或高或低；结合景观的要求让空间或围或敞。最主要的是整个建筑全部用清水混凝土浇筑完成，从结构构件到建筑界面，从室外立面到室内空间，力求一气呵成，宛如一组被切开的钢筋混凝土盒子，表达人造之物的力度；又像一堆从大地中生长出来的巨石，与泰山上裸露出的岩体峭壁遥遥相呼应，融入景观环境。

工程不大，难度不小。倾斜的形体，清水混凝土外露，都给施工带来挑战。当地的建筑公司付出了巨大的努力，也难免"跑、冒、滴、漏"，缺陷不少。在设计中也早有预案，在浇筑完成后用人工剁斧的办法修整缺陷，而剁斧产生了粗糙肌理表面，与浇筑完好的光洁表面形成对比，产生了有趣的效果。

我们根据现场落架后拍下来的照片显示需修整的位置，在电脑上调整出随机的云纹图案，再将修改后的立面图发给施工队，在现场分格放线，手工剁凿，一幅幅巨大的混凝土壁画很快便跃然而出，呈现出独特的视觉效果。它随光线而变化，光弱时，图案消隐，光强时，图案显露；正视时，纹路清晰，侧观时又浑然不觉。这种变化使图纹效果比较自然，不太生硬。其实这种处理方法显然也来自泰山石的启发，成为地域性特征的隐喻。

——原载于《建筑学报》2011年第10期

以谦逊的态度保护遗产，以尊重的态度与历史对话

Protecting heritage sites with humbleness and a reverent dialogue with the past

历史遗产　HISTORICAL HERITAGE

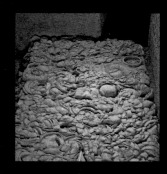

重修封土，祭祀先祖

By restoring the grave mound to restore the dignity of our ancestor

无锡鸿山遗址博物馆 · WUXI HONGSHAN SITE MUSEUM
设计 Design 2006 · 竣工 Completion 2008

用地面积：20149平方米 · 建筑面积：9207平方米
Site Area: 20,149m² · Floor Area: 9207m²

合作建筑师：陈同滨、张 男、李 斌、熊明倩、郑 萌、何 珊
Cooperative Architects: CHEN Tongbin, ZHANG Nan, LI Bin, XIONG Mingqian, ZHENG Meng, HE Shan

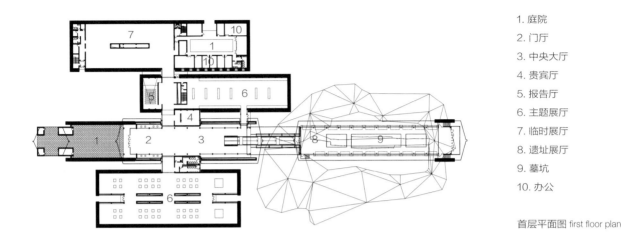

1. 庭院
2. 门厅
3. 中央大厅
4. 贵宾厅
5. 报告厅
6. 主题展厅
7. 临时展厅
8. 遗址展厅
9. 墓坑
10. 办公

首层平面图 first floor plan

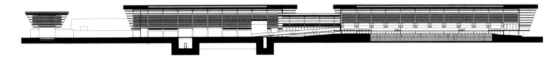

剖面图 section

鸿山遗址博物馆依托于吴越贵族墓葬群邱承墩而建，设计重构了一种与当地自然景观相契合，同时反映春秋吴越历史氛围的建筑景象。建筑采用了与周边乡村呼应的地方材料，体量被刻意压低，并将主体部分与封土堆拉开距离。

建筑造型的来源有三：遗址封土堆的形态；周围呈东西走向的农田肌理；苏南民居的坡屋面。整体建筑形体是一组长方形体量，平行排开并左右错开，草顶土墙与环境融为一体。只有中部架在门厅和原址上的几段坡屋面被适当突出，融合了朴素的江南民居和粗犷的先秦建筑形态，提示遗址所在的轴线。建筑外墙为仿土喷砂，局部内凹的空间采用整片玻璃，屋面植草，场地道路采用朴素的石渣铺地等，都力图

烘托出具有历史感的古朴悠远的效果；中央公共空间上部的铜瓦坡屋面，以及内墙和部分院落墙体的白色涂料，都概括反映了苏南民居的特点；外墙外侧的土层使建筑与遗址区的封土堆相呼应。

The museum houses tomb ruins with a history more than 2000 years. Located in rural fields between riverine towns in southern Chinese, it regenerates an architectural atmosphere, not only getting fit for its natural environment, but also being on a historical scene of the era when tomb was built. The building massing is divided into several parts and suppressed to make the tomb ruins standing out.

古船遗址，再搭船台
A ship berth to cover the site of ancient ship

蓬莱古船博物馆 · PENGLAI ANCIENT SHIP MUSEUM
设计 Design 2006 · 竣工 Completion 2012

用地面积：8503平方米 · 建筑面积：7276平方米
Site Area: 8503m^2 · Floor Area: 7276m^2

合作建筑师：张 男、赵晓刚、张汝冰、康 凯、傅晓铭
Cooperative Architects: ZHANG Nan, ZHAO Xiaogang, ZHANG Rubing, KANG Kai, FU Xiaoming

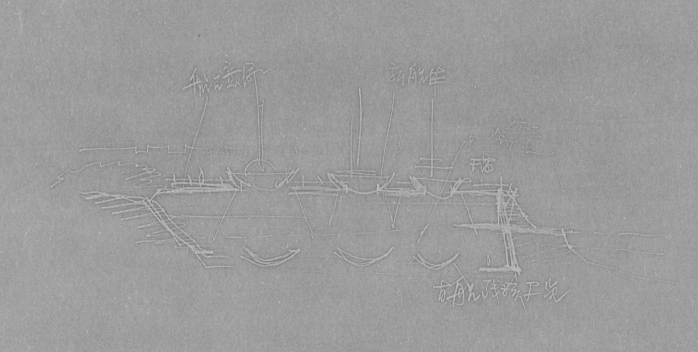

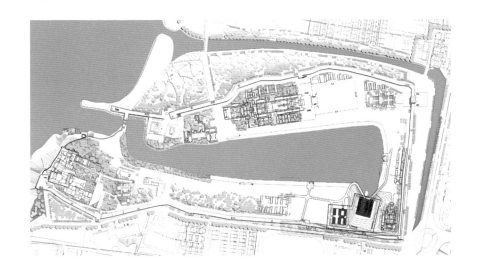

位置图 site location

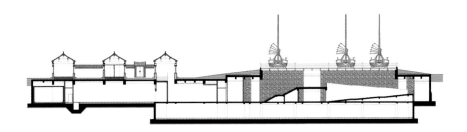

剖面图 section

古船博物馆位于蓬莱水城保护区范围内,在遵循文物保护基本原则的前提下,设计构思希望再现古军港帆樯林立、战舰森森的壮观景象,以及船只修造的场面,并将游客体验式参观和建筑功能及流线组织结合起来。沉船遗址展厅位于船骸原址之上,其主体埋入地下,地面仅保留绿坡和屋顶的复原古船台展示场。管理研究用房是相对独立的地面仿古院落,与水城内的复原古建筑群相呼应,地下与博物馆的展区相通,从而保持了水城风貌的历史真实性和完整性。

置身斜柱支撑的仿船坞空间,观众可以在入口序厅层与底层这两处不同高度两次看到残船。建筑空间结合展陈设计,将残船文物、复原影像以及顶棚的水下船底意象并置展示,多层次地凸显古船主题。

The site museum is started to recur the spectacular of ancient military harbor with sails and masts. Covered by the exhibition platform of rebuilt ancient ships and grass slopes, the site hall is embedded into the earth modestly. The V-shaped structural supports of the site hall bring a sense of dockyard. The ruins, the restored image and the ship bottom image on the ceiling collaborate together to embody the ancient ship in multiple aspects.

紫禁城边一次用现代建筑语汇改善古建筑环境的尝试

A test to improve the space of historical site nearby the Forbidden City

欧美同学会改扩建 · EXTENSION OF WESTERN RETURNED SCHOLARS ASSOCIATION

设计 Design 2009 · 竣工 Completion 2013

用地面积：950平方米 · 建筑面积：2524平方米

Site Area: 950m² · Floor Area: 2524m²

合作建筑师：傅晓铭、单立欣、刘 恒、冯 君、王可尧

Cooperative Architects: FU Xiaoming, SHAN Lixin, LIU Heng, FENG Jun, WANG Keyao

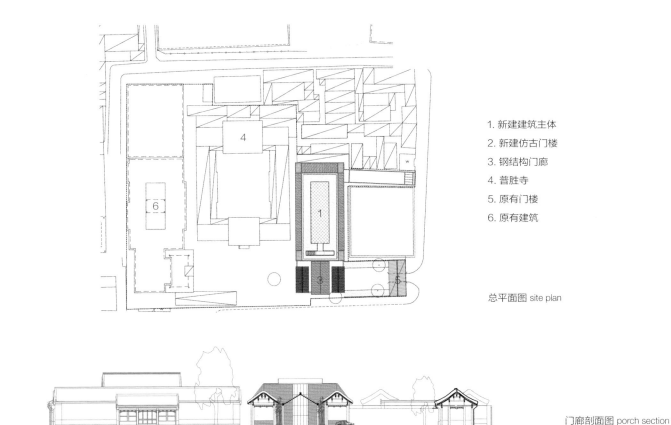

1. 新建建筑主体
2. 新建仿古门楼
3. 钢结构门廊
4. 普胜寺
5. 原有门楼
6. 原有建筑

总平面图 site plan

门廊剖面图 porch section

欧美同学会位于北京皇城保护区的核心位置，毗邻故宫，其院内的普胜寺为东城区文物保护单位。扩建工程需要在增添若干功能的同时，注重保护和改善周边古建筑的环境。改扩建通过向地下发展，满足了多功能大空间的要求。建筑造型既结合传统坡屋顶特征，又使用现代建筑语言。严格控制的高度，使建筑没有对文物建筑和周边环境造成视觉影响。灰色金属隔栅形成的坡屋顶，将建筑体量减小，并与周边建筑自然地融合。屋顶平台的景观设计，则使建筑第五立面得以美化，改善了从北京饭店贵宾楼看皇城的景观。新增的一进门楼，将原本不规则的院内空地划分为两进院落，不但对建筑主体有很好的遮挡作用，也提供了具有过渡性质的门廊空间。建筑造型既结合传统坡屋顶建筑特征，又使用现代建筑语言体现旧建筑改造的创新理念。

The campus of the association is located in a district of historic center of Beijing, two blocks from the Forbidden City. The extension reconciles the architecture of the protected temple and others built later in the campus and create new functional spaces. The design juxtaposed the respect for tradition with a distinctly modern vocabulary of concrete walls and the pitched roofs covered with metal grilling which diminishes the massing to tie the new building to its neighbors.

地段原状及范围 site scope

保护历史格局，新旧相映交融

Reserving the historical layout and integrating the old and new

前门23号 · **THE LEGATION QUARTER**

设计 Design 2005 · 竣工 Completion 2008

用地面积：14592平方米 · 建筑面积：10223平方米

Site Area: 14,592m² · Floor Area: 10,223m²

合作建筑师：叶　铮、李晓梅、彭　勃、陶景阳

Cooperative Architects: YE Zheng, LI Xiaomei, PENG Bo, TAO Jingyang

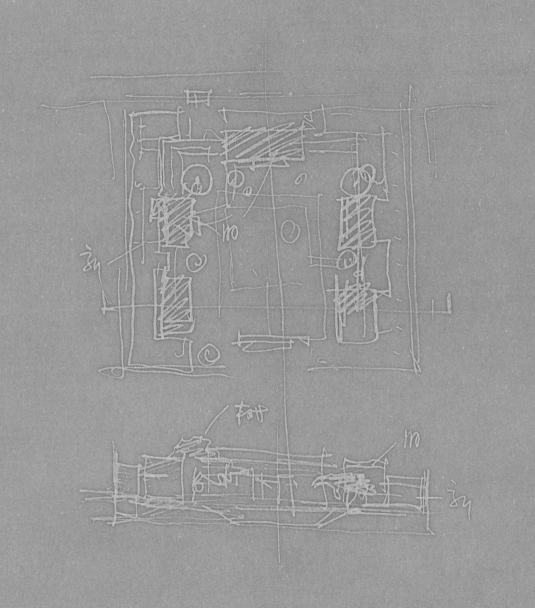

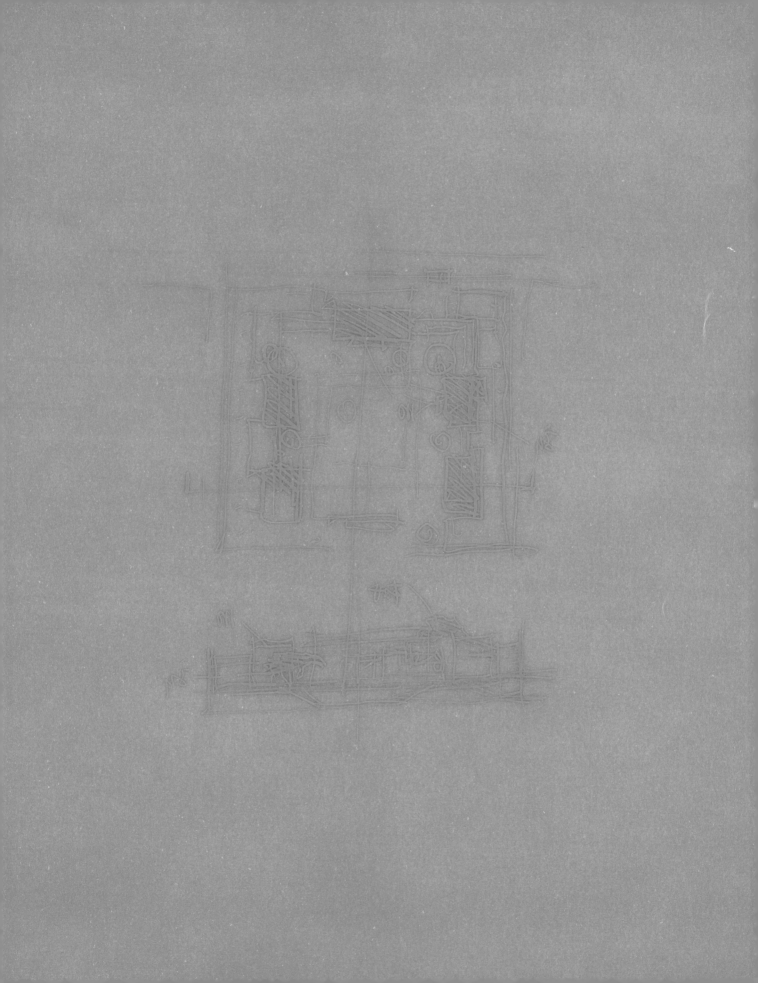

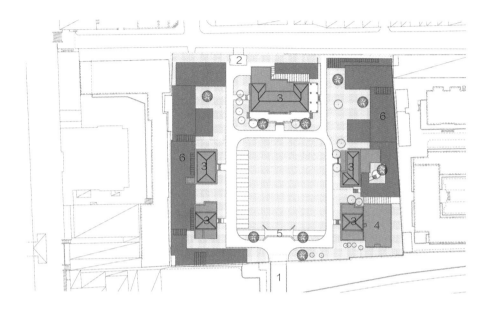

1. 主入口
2. 人行入口
3. 文物建筑
4. 保留设计
5. 景观墙
6. 加建建筑

总平面图 site plan

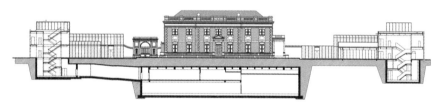

剖面图 section

前门23号地处北京市核心区，原址为20世纪初美国公使馆所在地，新中国成立后改为钓鱼台国宾馆的前门宾馆。改造方案通过对院落的整治，形成包括餐饮、俱乐部、画廊、剧场在内的顶级文化、生活、时尚中心。改造首先恢复领事馆建筑风貌，突出历史建筑的主体地位。在文保建筑后侧砌筑砖墙，遮挡零碎增建部分，重新恢复一院五楼的原貌，保留古树，拆除低质量旧建筑，并重建北大门和北围墙，使之符合东交民巷历史保护区整体风貌的要求。增加的新建筑采用前低后高、缩小体量的策略，使之处于从属地位。新老建筑内部相连，主入口仍在五个老楼中，保持院落原有格局。新老建筑相连处采用钢和玻璃的轻型材料，尽可能通透轻巧，隐于大树之后，克制地表现个体，也明显区别出建筑的年代，保持历史的清晰度和延续性。

Initially built as the American Legation in the beginning of 20th century, No.23 of Qianmen East Street housed lots of institutions before the establishment of PRC, while its original layout has been badly damaged after several planless additions. The old buildings are renewed and the low-grade constructions are cleaned up. Brick walls behind buildings screen the disorder parts that incorporate the exterior spaces of the quadrangle and the delicate north gate and north wall are restored. The added volumes step down to make themselves subsidiaries of the old ones. The designers juxtaposed this respect for tradition with a distinctly modern vocabulary of steel and glass structural elements, which will not breach the reserved buildings.

工业遗产利用，文化痕迹留存
Reusing of industry heritage and remembering of cultural trail

西安大华1935 · **XI'AN DAHUA MODEL**
设计 Design 2011 · 竣工 Completion 2014

用地面积：89922平方米 · 建筑面积：89050平方米
Site Area: 89,922m^2 · Floor Area: 89,050m^2

合作建筑师：王可尧、张汝冰、陈梦津、冯 君
Cooperative Architects: WANG Keyao, ZHANG Rubing, Aurelien Chen, FENG Jun

合作机构：中国西北建筑设计研究院
Cooperative Organization: China Northwest Architecture Design & Research Institute

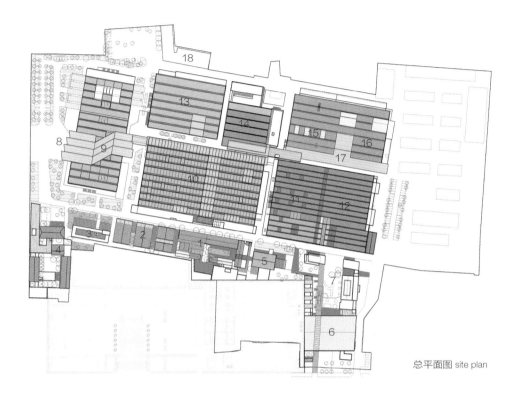

1. 原老南门区·休闲餐饮
2. 原老库房区·餐饮
3. 原冷冻站·餐饮
4. 原老医院区·餐饮
5. 原动力用房·餐饮
6. 原锅炉房·当代艺术中心
7. 艺术广场
8. 城市广场
9. 原一期生产厂房·商业
10. 原二期生产厂房·商业
11. 原老布厂厂房·创意商业
12. 原老布厂厂房·纺织工业博物馆
13. 原细纱车间·商业
14. 原筒并捻车间·创意商业
15. 原新布厂厂房·创意商业
16. 原新布厂厂房·小剧场群落
17. 半室外表演场
18. 原综合办公楼·精品酒店

总平面图 site plan

创建于20世纪30年代的大华纱厂，地处西安中心地段，在建厂之初代表着当时纺织生产的最高水平，此后80年间经历了不断的改造和加建，容纳了各个时期的厂房建筑，也记录了西安这座古都近现代发展的历史段落。同时，工业建筑各时期建造物的高密度共存也有别于民用建筑，如何重新利用这种直白的"密度"成为改造策略的关键。

早期建成的砖木建筑，主要由院落空间组织在一起，改造采取"谨慎的加法"，清理修缮原有建筑，尽可能保持原有材料、空间和细部，同时适当增加采用当代建筑语汇的连廊、小品、构筑物，满足餐饮、休闲、文化等新的使用功能，也提示历史记忆和现代生活的共时性。建国后建成的厂房多为整齐开敞的车间，屋顶为纺织厂典型的锯齿状天窗，周边设有辅助房间。针对这一区域主要采用"积极的减法"策略，结合城市街区所需空间和尺度，形成新的街道和步行系统，并打开部分结构，产生内部街道和公共空间节点，产生丰富的城市生活。

The Dahua Cotton Mill, founded in 1930s', records the development track of Xi'an in the 20th century. To transform such a high-density factory into an attractive public place for arts activities and creative offices, the design scheme distinguished the individual buildings with different ages and treated them with different design methods. For the elder ones, those smaller and separated brick-timber buildings, the "careful addition" strategy is used to add some small-scale structure to connect functional spaces and make the courts into café, restaurant and other service facilities. Those huge structures built in recent years are revaluated with their remarkable sawtoothed skylight. By the "positive subtraction" strategy, the original auxiliary rooms are displaced by streets and plazas, which form a new pedestrian system that invites citizen to enter the culture park for culture activities.

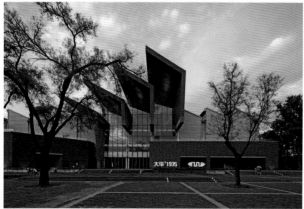

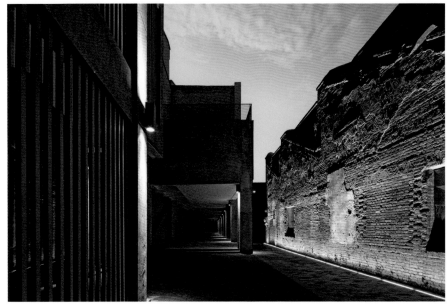

尊重地域文化，将本土文化的要素与当代建筑有机结合

Respecting local culture and integrating local elements into contemporary architecture

地域文化　　LOCAL CULTURE

城市与文化同构，给予与收获同享

Building of city and culture; place to give and to receive

玉树康巴艺术中心 · YUSHU KHAMBA ARTS CENTER
设计 Design 2011 · 竣工 Completion 2014

用地面积：24500平方米 · 建筑面积：20400平方米
Site Area: 24,500m^2 · Floor Area: 20,400m^2

合作建筑师：关 飞、曾 瑞、高 凡、董元铮
Cooperative Architects: GUAN Fei, ZENG Rui, GAO Fan, DONG Yuanzheng

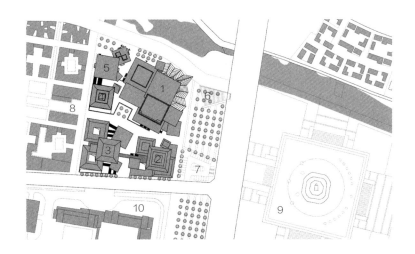

1. 剧场
2. 图书馆
3. 文化馆
4. 剧团
5. 电影院
6. 剧场前广场
7. 停车场
8. 唐蕃古道商业街
9. 格萨尔广场
10. 小学

总平面图 site plan

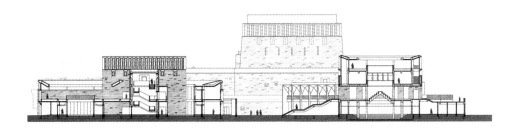

剖面图 section

玉树康巴艺术中心是为遭受玉树地震后的结古镇所做的重建工程，汇集了原玉树州的剧场、剧团、文化馆和图书馆等多种功能。设计从尊重城市文脉的角度出发，总体布局自由松散但错落有致，强调与塔尔寺、唐蕃古道商业街、格萨尔广场等周边城市元素的对位呼应。建筑密度与传统城市肌理相吻合，街道的尺度也尽力与传统商业街相协调。本着经济的原则，州剧团的辅助功能区与剧院的后台区合并，排练厅与室外演艺功能合并，尽可能控制规模并强化各功能的通用性。平面布局力图通过再现院落空间的组合体现传统藏式建筑的空间精神，并体现当地特征，建筑在体量上也逐层递减。基于低造价的考虑，建筑通过沿袭传统藏式建筑丰富的色彩形成丰富的视觉效果。

Yushu Kangba Arts Center located at Jiegu Town, the most afflicted city of Yushu Earthquake. The complex includes theaters, theatrical troupe offices, a cultural hall and a library. To show respect to the traditional city texture, the layout is loose fit to the axes to the neighboring streets and square, especially the Ta'er Lamasery. Architects limit the scale of the building and increase the use efficiency of different areas. Courtyards and terraces are revealed adequately to trace the atmosphere of the traditional Tibet building spaces. Bright colors are the low-cost methods to enrich the visual effects of the building and arouse the memory of Tibet patterns.

似与不似之间：
由现实理性而理想

BETWEEN THE FAMILIAR AND THE UNFAMILIAR:
FROM REALITIES TO IDEALS

李华、崔愷

LI HUA, CUI KAI

Abstract

Harmonize thy mountain with a feature between the familiar and the unfamiliar, the impressive nature of Khamba Arts Center is derived from its contemporary modern compositions and the elements of Tibetan architecture. Behind the loose conversation, there is a common thread that how to coordinate the ideals of architect and the social realism. In the design of Khamba Arts Center, the answer is by adopting the social realities to realize the ideals of architect.

建筑职业的矛盾之一是现实和理想之间的差距。阿尔瓦·西扎曾经说，他从未完全实现过一个建筑。其状况的普遍化，由此可见一斑。而形成这样矛盾的原因之一是建筑职业的社会性与建筑学本身的自主性。对于建筑社会性的理解有很多个层面，最直接的解释可能是建筑是社会生产和社会生活的一部分。即便是最商业的项目，从总体上说，也是社会生产的一部分，占用并使用了社会资源。更直白的描述或许是，建筑师的工作是用别人的钱，通过其他人的劳动（也包括建筑师自己的），为别人盖房子。这里面隐含的一个问题是，建筑师于此要实现的是自己的理想，还是满足"别人"的需求？将两者对立的危险显而易见，但不可否认的是两者之间经常存在着差异甚至矛盾。

而通过别人实现自己的理想，在任何一种情况下，都不是一件容易的事。同时，如果将建筑师仅仅视为被动的顺应者，不仅会伤害这个职业本身，而且在很多时候也有违其社会性，因为满足社会需求并不能简单地等同于满足业主的要求。从这个层面上来说，建筑师更像是一个中介和调停的角色，运用专业的知识平衡各个方面的需求，包括自己的理想和愿望。显然，这是一个"困难"且复杂的工作，而灾后援建项目正是这种工作的一个特别的体现。

康巴艺术中心是青海玉树震后的十大援建公共项目之一。2010年4月14日，玉树藏族自治州发生7.1级强烈地震，震中接近县城，原有民房几乎全部倒塌，整个县城夷为平地。三年后，在原有县城的基础上，一座规划为10万人的新城拔地而起。473个重建项目在3年的时间里相继完成，累计投资143.35亿元。康巴艺术中心是由原址上的剧团、剧场、图书馆、文化馆整合而成，承担着日常公共事务与节庆活动的双重职能。作为地域特色鲜明的场地上的援建项目，艺术中心面临着一系列的要求：现代化与地域文化的表征、论证与审核的多重程序、功能的概略与使用方的不直接介入、工期的紧张与造价的严格控制等，而海拔4000m以上的施工作业、材料的远程运输、气候条件的特殊无疑为快速建造提出了更多的挑战。换句话说，这个通常被认为建筑师拥有较多自由表达空间的文化类公共建筑，实则制约颇多。如何使理想可以现实地实现可能比一般的项目更为突出。

那么，康巴艺术中心是一个什么样的建筑呢？刚到玉树的那个下午，阳光正好，从远处看，背靠青山，面对格萨尔广场的康巴艺术中心，即使在蓝天白云的映衬下，也不是一个特别显眼的存在。它仿佛在那里很久了似的，与周边几乎融为了一体。然而高耸的剧院，一眼望去的"藏式"建筑，看似本地又有些不同的建筑语言，"平常"又不乏标志性，使之有着可辨认的特点。与山为和、似又不似，是我对它的第一印象。这种似与不似、惊喜与似曾相识交织的感受，贯彻在整个建筑群中行走的过程里。白墙、外廊、彩色的窗洞、塑性的语言、深重的阴影，是现代的语言，又与"藏式"的表征相契合，它似乎不需要太多的解释便可明了。有意思的是，其粗糙的墙体、偶或剥落的粉刷、涂鸦的墙面、印有水渍的踢脚、墙面，并不有损其建筑的品质与完成度。一方面，它已完满地自成一体；另一方面似乎仍然在等待，等待着使用的填充、修改和"再定义"。

于是，在了解了康巴艺术中心的设计过程之后有了这次对话。对话的内容涉及设计起点、地域性的建筑表达、象征性的本体转换、设计的策略与控制、建成后的设计延伸、场地的信息阅读、设计的参照/参照系、建筑师的个人语言与大众解读等。看似散漫的主题，回头看来，隐含着一个线索：在建筑师的理念与社会现实之间，如何取舍或协调？由主动的现实理性而达于理想的实现，或许是康巴艺术中心的回答。

李华：您和关飞在《建筑技艺》上发表的《砌筑之惑——玉树康巴艺术中心的建造》，主要从材料、建造等比较技术的角度介绍了康巴艺术中心的设计思考和设计过程。我想我们可以回到项目最开始的地方，请您谈谈技术之外的一些考量。就您看来，康巴艺术中心作为一个项目，其独特之处在哪里？最具吸引力的地方是什么？

崔愷：我对西藏，以及中亚地区的传统建筑、伊斯兰城市，特别喜欢。从看到的资料、书，以及设想自己在空间游走的体会，我都特别喜欢。我觉得建筑师能从这样的一个地域传统中学到很多东西，虽然并不真正能在那儿生活，但仅是体验已经让我足够的感动。不过，我们很少有机会在这些地方做设计，所以，我看到这个项目里面的内容，特别兴奋。一开始，就确定了做城市这个想法，觉得它恰恰有可能做成一个城市的片断，而不是一座建筑。有一个机会去尝试在一直喜欢的城市中，再造或者说创造一个城市空间，是最吸引我的地方。虽我在拉萨做过火车站，但因为功能的原因，它更多的只能从形态上考虑，并不真正能够去做一个城市，它还是一个单独的建筑。

李华：康巴艺术中心更像是一个具有城市形态的聚落。

崔愷：是的。它实际上是一个聚落空间，这让我产生了浓厚的兴趣。事实上，我们这个方案的进程一直比较顺利，一开始就得到了肯定。有人说，我们这个方案没改过，实际上我们每一次都在改进。

李华：的确，虽然大的构思一直保持一致，但从刚才你们的介绍中，可以看到不同阶段里在空间布局、形式语言和材料等方面的尝试。您觉得在从设计的改进到建造的实施的过程中，最有收获的是什么？有没有和以前的项目不一样的考量和想法？有没有对您的建筑思考产生不同的影响？

崔愷：在这个过程中，由于我们对地域文化的由衷喜爱和尊重，使我们能够更深入地在设计阶段去学习藏文化、藏族的城市、藏族建筑和自然之间的关系，比如光线，这是一个很好的学习过程。

另一个收获是应对快速援建，采用什么策略。建筑师的想法往往比较理想化，而一旦现实条件无法满足，几乎就得全面放弃。我们这次特别好的是没有放弃，从一开始，就采用了比较现实的方式。例如材料，我们在初步设计前就知道，石材是不行的，要保护环境不能开采太多石材，而且大量的运输很困难，加工比较缓慢。所以，我们主动地放弃了奢华材料、装修的可能，而是回到建筑材料。当我提起砌块

的时候，立刻得到了设计团队的共鸣，并做了大量的比较、研究，包括选用什么样的砌块，怎么组合，如何形成尽量多的可能性，同时在现场给工人相当大的随机性，使建造带有某种自发性。我们在建造中基本上没有碰到大的障碍，工人们看到自己的作品也很高兴，跟施工单位形成了良好的默契。这方面的收获这次蛮大的。

这些经验对我们一直提倡的本土设计，是一种直接的实践反馈。本土设计，首先是价值观，其次是设计策略，然后是策略当中应对的设计方法，它们是一个连贯的整体。这个项目印证了我们自己这样的方法论，对我们其他的建筑会有更好的影响。当时在北川，我们也有类似的想法，比如用片石来砌筑，但是因为顾虑工期、抗震、片石处理等问题，就放弃了，选择了装修型的再造石，建构的感觉就有点弱。玉树这个项目就比较直接，我们采用了双层墙，中间保温，但不是附加的，而是使它的保温以及外墙的耐久性都可以持续很长时间。

李华：材料的运用是这个项目的特色之一。砌块这个材料很有意思，它是一种"中间性"材料，既不是本地原初的建筑材料，也不是特别现代的，如玻璃、钢。砌块既是工业化大批量生产，又有手工劳作在里面，"中间性"材料的选择是一个在现代和传统之间洽宜的策略。我在玉树的时候，当地一位建筑方面的管理人员说，康巴艺术中心一看就是康巴地区的建筑，而有些特别有装饰感的反而不像，他说那些是藏区的，不是康巴的。

崔愷：我还头一回听到这么说。

李华：我问他为什么，他也说不太清楚，只是说当地建筑的墙就是凹凹凸凸的感觉。在原来设计的售票厅改成的咖啡屋里，我们发现藏民自己做装修的时候，也用了砌块墙，刷成白色，虽然砌块用的并不完全一样，但整体上蛮一致的。

崔愷：选择砌块的时候，我就考虑它绝对不能是被动的，等着别人再装修，而是建筑建成的时候就达到了完成的状态。今天看来，用砌块在藏区建有藏族特色的新建筑，是一个可行的路径，是可以推广的。

李华：谈到本土设计，在项目的要求中，希望建筑既是现代的，又具有本地特色。在您看来，当地人所要求或想象、认为的"现代"指的是什么？您所认为的"现代"是什么？与本地的结合点在哪里？

崔愷：希望建筑既现代又有本地特色，既是我们主动的考虑，又是当地人的期望。藏族具有非常独特的宗教文化，以及它带来的特殊的建

筑形式，从中国到世界，都很关注它的文化原真性，不希望它消失。把内地建筑搬到那儿，短时间内当地人可能觉得藏族风格太多了，要点新的，比如玻璃幕墙之类的，但真正形成了城市的景象以后，他们也是不满意的。在文化上，这实际上是一种侵害。我们这次选择的策略比较慎重，希望它有比较强烈的地域特色，但要避免一说特色就是装饰，我们希望深一点，传达出令人感动的独特空间，而不仅仅是外形、立面、色彩，它是一种综合性的表达。

当然，它应该是现代的，因为任何一个地方的文化都是生长的，我们希望这个现代形式是一种演变性的。在设计初期，因为时间比较紧，我们还是先从熟悉的造型入手，于是有了空间，有了聚落感。我们的语言比较现代，但我们在不断地反思，如何使这个形态让藏族人感到是熟悉的，同时我们采用了新的工艺——如砌块墙，新的方式——如用高窗替代了传统的"边玛草"的墙垛式做法。这样的转换是我们找到的结合点，它有功能，反映了内部的空间需求，在形象上又比较有藏区建筑的特点。西藏地区日照强烈，外墙窗户比较小，防卫感比较强，在外墙上通常会出现高侧窗，光线从外面不是一个孔一个孔进来，而是一片挤进来一样的感觉，在空间当中蔓延，这是很重要的一个特色，是传统。从这个层面上来讲，仍然是一个传统跟现代的巧妙组合。

李华： 也就是说这个转换的过程，是将体验、元素和功能结合在一起，再和形式共同形成意味的表达。您提到光线在空间中的蔓延，是一种空间体验和精神，而不是一种简单的象征。

崔愷： 没错。在藏族的庙宇里面，垂挂了很多布桶，光从侧面进来往下散的时候，中间的讲经区就被照亮了，然后慢慢地向旁边暗下去，这种空间的凝聚力特别有意思。在康巴艺术中心里，高侧窗进来的光通过墙面的互相反射形成的间接光也起到了这个作用。从最后得出的结果看，这是一个挺好的方法，在实际过程中它需要有一个磨合的过程，因为很容易涂上颜色就解决了，但是我不甘心，它只解决了一点，采光没解决，有的地方不需要采光，很多地方需要采光，该怎么办？如果是并置，建筑的形态又不纯粹。我曾经指导了一个清华大学的研究生做藏族传统建筑的光环境研究，最后落在艺术中心的图书馆光环境的设计上，哪些地方用自然光，哪些地方用人工光，人工光和自然光怎么混合，都做了研究，也在某种程度上实施了。

李华： 您刚才提到藏族建筑与自然、文化的关系，这个关系在您看来是什么？在康巴艺术中心中是如何体现的？

崔愷： 康巴艺术中心靠河边一侧剧院的部分，采用了折板屋顶，有的人说，这会不会有点不协调，因为它不是藏族建筑的语言。我当时对它有两个方面的考虑：一方面，这个角处在桥头，冲着河边；另一方面，从这里又可以看到远处山上的结古寺，所以我希望它不是一个方角，而是一个向外张开的空间，在里面大楼梯走的时候，能够通过不同的画框，看到结古寺。于是先把墙做成了放射状，屋顶在做过不同的尝试之后，最终选择了折板；而折板的形式感来自于藏族舞蹈的启发和转化。有一次我在西宁的藏餐厅，看里面的歌舞表演。在一个很小的舞台上，从康巴来的几个小伙子的舞蹈，把整个空间运用得非常充分、非常欢快，没有因为小变得很局促。那种跃动的、手拉手起伏的感觉，成为我构思的来源，包括色彩的采用。最后处理屋顶和梁的关系时，做得比较巧妙，把屋顶整个撑起来形成了一个连续的屋顶，最后刷上颜色，恰恰反映了我从康巴歌舞中体验到的动感。

李华： 您完成了好几个援建项目，在您看来，援建项目有什么样的特殊性与普遍意义？

崔愷： 参加援建项目首先是出于我们的善意、我们的社会责任感。但是援建项目中，确实会碰到跟平常不一样问题：一个是领导高度重视，容易出现行政干预比较多的情况；另一个是工期紧迫，如果对当地文化原来不了解，储备不深，很难一上手就游刃有余，几乎没有太多反复推敲的时间，而熟悉当地文化是需要时间的。我曾经在羌族和藏族地区做过两个项目，所以入手相对比较容易。如果准备不足，可能就会出现一系列的问题，像刚才提到的从理想化到最后落地中间，形成的巨大反差。如何主动应对，采取比较现实的策略，是我们一直坚持的路径，这个路径我也是受到了刘家琨的启发。他在西部做的设计，很有现实性。我觉得建筑师应该主动地去适应环境，而不是等着环境适应我们。这一点非常重要。

再一个，援建项目的参与感跟平常不一样。平常的项目中，参与的各方经济利益考虑比较多，而在我们的两个援建项目当中，施工单位都非常好，很配合，即使资金拨付延迟，设计方和施工方都会全力以赴，积极合作。康巴艺术中心这个项目，其实挺复杂的，有各种大小不同的院子，很多的敞廊，很多地方不用装修，要求直接做完就是可看的，结构可以被看到，所以设计得比较细。我们的设计图纸拿去展览的时候，都被人翻烂了，施工单位对我们的图纸也特别满意。我们这样的投入，实际上是通过高质量的设计充分表达那种善意。

李华： 刚才介绍整个设计的过程时，说到你们曾对当地的院落进行过研究和类型化的归纳，其中一个原因是希望使施工简化。您刚才提到图纸绘制的细致程度，都似乎和设计的远程控制有关。因为援建项目大多地处比较偏远的地方，对于设计如何控制，控制到什么程度，可能挑战性更大。您是怎么看待这个问题的？

崔愷：坦率地说，我原来的一些作品，比较多的问题就是控制力不够，完成度不理想。这些年我们一直致力于提高设计的控制力，加强设计与各个专业之间的协调，以及对建筑本身的构造做有预见性的设计，这都是我们在本土设计中心大力推广的。我们确实多次碰到比较远的项目，比方说在南非做的使馆，要是图画得粗糙一点，现场根本没有机会修正，这也是我们坚持派人做现场配合的原因，当然我们的图纸还是做得很细，外交部也非常满意。在这个方面，团队发挥了很大的作用。

我特别想说的是，我们培养的建筑师都希望是比较全面的。我们现在的团队有一批优秀的建筑师，来自各个学校。他们都有一个特点，就是争先恐后地画施工图。甚至有些时候，做方案时间稍微长一点，他们会很着急，问什么时候可以做施工图。我们这些项目设计质量的提高，首先跟我们的员工对画施工图的主动性，以及在这个过程中的创意，一种持续的创意和持续的推敲分不开。有好多东西并不是方案当中一画而就的，很多地方都在不断修改，每一次修改都是设计，而不是说，出个通知写一下就完了。哪怕人家做错了，或者出现很麻烦的事，我们都是先做一个小设计，研究怎么跟原来的初衷不偏差很大的情况下，很巧妙地把它解决。

李华：每一次修改都是设计，的确是一个很有意思的观点。这似乎和建筑设计观念的改变有关。以前有一种观点认为，做方案才是创造性的工作。在20世纪80年代的时候，中国建筑界特别喜欢提建筑创作，创作的意思常常是把建筑当成艺术品来做，现在我们更多的是谈设计，如果是从艺术创作的角度看，施工图可能没有太大的意思，只是理念的执行者，但是如果从建筑设计的角度来说，建造的过程和施工图也是设计的一个部分。

崔愷：没错。在这种援建的低造价建筑中，有一些设计的东西呈现得更本真。如果甲方很有钱，设计可能要思考的是怎么控制装修，因为装修会带来很多负面的东西。

李华：说到使用者的"再设计"，我们这次在玉树的经历很有意思。康巴艺术中心图书馆的管理员一直要你们的建筑构思设计图，说希望以后的改造或增加，能够按照建筑师的意图，与建筑保持一致。关

飞将建筑使用说明书的网址给了她，告诉她怎么把意见写在上面，她很高兴。有关设计之后的建筑使用，设计在建筑使用之后的延续和转变，也是当代建筑一个关心和探讨的话题。您是怎么想到做这个建筑使用说明书的？

崔愷：在康巴艺术中心的旁边有一个小学，康巴艺术中心刚刚完成，施工队撤出来以后，玻璃老坏，小孩子进去到处跑。当地的一位领导有一次跟我们说他想做个围栏，把这个房子围起来。这引起了我的警觉，康巴艺术中心是一个开放的聚落，如果最后管理是封闭的，我们肯定不能同意。正好我一直有一个想法，做一个课题，有关建筑移交后的使用说明书，因为所有的产品、商品都有说明书，但是建筑恰恰没有，于是我们就结合这个需求，让我的一个研究生以这个为题，做了她的论文。最近通过跟电脑技术公司合作，做成了网页。我一遍一遍跟那些公司的人讨论，怎么能做得朴素一点，很清晰，又很直观，让不认字的人也能够用它。

李华：说到玉树的建设，让我想起一位欧洲建筑师曾跟我说，在中国的新区做设计特别难。他们在欧洲的项目，基本上都是在已建成的环境中，设计很容易找到参照和起点，而在中国，他们不知道设计该

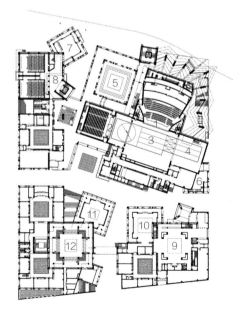

1. 大剧场
2. 多功能剧场
3. 主舞台
4. 侧台
5. 半室外演艺
6. 票务厅
7. 电影院门厅
8. 电影院大厅
9. 期刊阅览
10. 儿童阅览
11. 展厅
12. 共享大厅

首层平面图 first floor plan

怎么开始。事实上，他们在欧洲是一个不错的事务所，做的项目有新意也挺节制，而在中国某城市新区做的一个住宅方案，特别地直白和象形化，有些失水准。而玉树其实就是一个新城，地震前是一个小县城，房屋不多，大多为一、二层的住宅，地震中几乎夷为平地，成了现代主义建筑中所说的"白板"。根据这一次的经验，您是怎么看待这个问题的？

崔愷： 以前有人也问过类似的问题，当面对一块平地，一个开发区的时候，本土策略从哪儿来？我觉得地域文化呈现在不同的层面上，有的层面是很具体的物质环境，有的是历史的记载、文本、生活，还有气候环境，人们对于气候环境所采取的从传统到现代的一系列策略，它们都对设计是有启发的，所以，我不认为能把环境抽象到零，是真空的。这些对外国建筑师可能有一定的困难，他对中国的历史，或者地方文化了解得不够，听别人讲到一些抽象的概念，不知道怎么把它转换成建筑的语言。我们的方式就是扎下去，找到这个场地的"根"，开始设计。

李华： 如何进行场地阅读，认识到空地非"空"，对新区的建设的确很重要。您提出的具体性阅读，而非概念性阅读，是一个策略，也是

一种姿态，对"地"的尊重与非强加性。在当代建筑中有这样一种现象，很多建筑师有自己特定的建筑语言，特别的材料偏好或工艺，并通过不同的设计不断完善和强化，形成自己的特色，您对此怎么看？有没有进行过类似的尝试？

崔愷： 有人曾问过我，为什么你的建筑每个都不一样。对这个问题的回答，有三个层面。第一，我认为建筑是属于环境，而不是属于建筑师。而环境是有差异的。如果说建筑是建筑师内心的呈现，那我的内心是什么？是对于场地的尊重，换句话说，我希望建筑至少在某种程度上是反映这个场地本身应该呈现的一种物质环境。因此，我一直对追求个人的设计语言没有特别着力。第二，我们是团队工作，不同的项目，我会和不同的团队合作，不同的建筑师团队本身也是有差异的。我不压制别人的想法，希望大家呈现出的好东西都能够作为建筑设计的一部分。在这种情况下，我也特别希望设计语言具有开放性。第三，我挺看重社会大众对建筑的识别和解读，我不太希望我做的建筑别人看不懂或者被误读，我希望它比较朴实，不希望过于晦涩，也不希望个人的符号化。

李华： 提到解读，我想起当时的一个体验。我到玉树的那天，阳光特

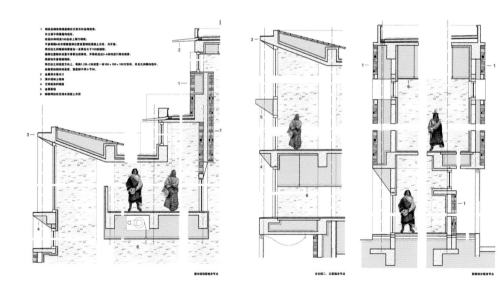

墙身节点 wall section

别好，康巴艺术中心的阴影、实体感、塑性、色彩的表现力都特别强烈，走在其中的"街道"上，某些感觉和元素的似曾相识让我想起了柯布西耶的朗香教堂。第二天，我们去看了当地在地震中仅存的一栋民宅，发现康巴艺术中心中我原来觉得很像柯布的排水管，似乎与当地的民居更像。这种感觉还是挺奇妙的。

崔愷：柯布的东西我看过一些，最为喜欢朗香教堂、拉·图雷特修道院那种粗犷的俭朴，同时又非常艺术，对光的运用和形成的那种感觉。你今天提醒了我，在我们想象材料的使用，最后上涂料，跟这个材料是什么关系的时候，可能潜意识地是有这样一个参照系的。这样做的时候，我一定不能违反我自己的美学价值观，并不是随意的，而是有追求的，这个追求一定是有一个参照系。这个参照系，刚才我已经说过了，是藏族建筑原本的那种粗犷，而在现代建筑当中，是柯布的那种东西。它们之间在这一点是相通的。

李华：我们在玉树的时候，关飞看到地震中幸存下来的耿安家宅时，曾感叹，好现代啊。

崔愷：我也很喜欢中亚地区的土坯建筑，在西安做阿房宫宾馆的时候，单位组织我们参观陕北窑洞，经过黄土高原上的很多村落，我特别喜欢地上是黄土，墙面是黄土，整个镶在一起的那种感觉。

李华：从地面到墙面的连续感？

崔愷：对，就是那种从地上长起来的感觉。应该说，很多喜欢的东西不自觉地形成了脑子里的参照系，所以在选材料的时候，虽然有太多的可能性，依然能很快做出恰当的判断。

李华：说到参照系，我想问一个与本项目不太相关的问题，您有没有最喜欢的建筑师？或者是最喜欢的建筑？

崔愷：这个问题挺难回答的。就像我对每一个建筑的场地都有独特的感触，会寻找独特的解决方法一样，在不同的项目上，我会选择不同的参照系作为自己设计上的支撑。所以，我没有特别把一个人看得非常伟大，当然从建筑学的历史作用来讲，我们都知道哪些名字是伟大的，但是对创作来说，我比较看重的还是特定环境下的某一种创作方法。说实在的，我特别喜欢一点儿的是没有建筑师的作品。欧洲的小镇也好，西部地区的乡村、生土建筑也罢，看到更原真的东西，而不是刻意而为的，常常让我学到的更多。事实上，我们身边大部分不知名的建筑就是这样，有生活的介入在里面，而我们要做的是，用建筑师的控制方法，把"私搭乱建"预先呈现出来，形成城市的有机性。

——原载于《建筑学报》2015年第7期

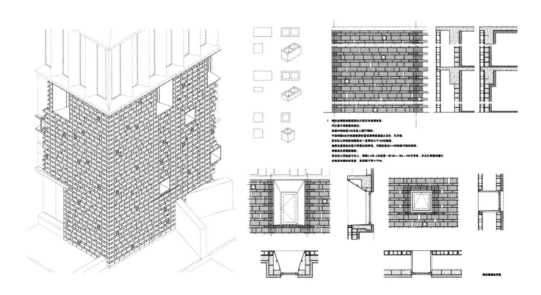

砌块砖砌法 masonry method

国家的礼仪和文化
Image of Chinese culture and dignity

中华人民共和国驻南非大使馆、驻开普敦总领事馆
THE EMBASSY OF THE PEOPLE'S REPUBLIC OF CHINA IN THE REPUBLIC OF SOUTH AFRICA
THE CONSULATE GENERAL OF THE PEOPLE'S REPUBLIC OF CHINA IN CAPE TOWN
设计 Design 2004 · 竣工 Completion 2011

用地面积：大使馆24701平方米、领事馆8659平方米 · 建筑面积：大使馆13595平方米、领事馆4108平方米
Site Area: Embassy 24,701m^2, Consulate 8,659m^2 · Floor Area: Embassy 13,595m^2, Consulate 4,108m^2

合作建筑师：单立欣、康 凯、喻 弢、郑 萌、肖晓丽
Cooperative Architects: SHAN Lixin, KANG Kai, YU Tao, ZHENG Meng, XIAO Xiaoli

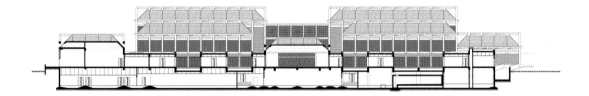

大使馆剖面图 section of the Embassy

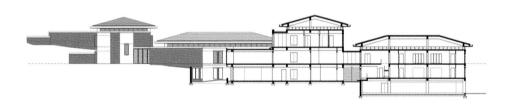

总领事馆剖面图 section of the Consulate General

中国驻南非大使馆的设计既要在异域体现中国气质，又要尊重当地文化，与邻里和谐相处。建筑对梁架结构系统的强化，是对中国传统木构、英式维多利亚风格和南非土著建筑共有的木屋架传统的综合体现，表达了多种文化的融合。办公主楼布置在用地南侧，靠近主要道路，独立的签证入口则面向东侧。自主入口由南至北形成前庭、迎宾厅、休息平台、水院的空间序列，以圆形的月亮门作为收束，指向北侧花园，轴线两侧是一方方围合的庭院，并保留了原有的大树。

中国驻南非开普敦总领事馆位于著名景点桌山的东南麓，周边是茂密的山林和庄园。用地高差达13m，安检、签证、接待、办公、住宅等功能分作五六个大小不一的体量，化整为零地布置在坡地上，融入环境。场地内的原有历史建筑被作为领事官邸原貌保留。建筑造型兼顾中国文化内涵和南非当地特色，强调了"墙"和"四坡屋顶"两种元素，为建筑带来舒展的横向线条和丰富的层次感，营造出一种文儒书香、赏心悦目的宅院气息。

Buildings for diplomatic affairs should be modest to its neighbors and present Chinese atmosphere. The building encompassing offices, reception and visa affairs is seat on the south side of the site, while the dormitory of diplomatic staffs is on the northwest. The highlighted frames of roof structure show respect to the common factors of traditional Chinese, British and South Africa's wooden-structures. The main entrance starts a spatial axis from the vestibule to a water courtyard and ended by a round "moon gate". Several courtyards on both sides of the axis present the traditional Chinese layout and contain most of the original trees to keep the memory of the site. Surrounded by forest and country villas, the Consulate General is located on the foot of Table Mountain, the famous scenic spot of Cape Town. On the slope with large height diffenece, the building volume is broken into parts and integrated to the environment.

国家的门脸儿
——南非使领馆设计

THE IMAGE OF STATE: BRIEF INTRODUCTION TO THE DESIGN FOR THE CHINESE DIPLOMATIC AND CONSULAR MISSIONS IN THE SOUTH AFRICA

崔愷、康凯、喻弢

CUI KAI, KANG KAI, YU TAO

Abstract

As an important portrayal of diplomatic relations between countries, embassies and consulates must not only show the dignity and culture of the represented country, but also respect for the culture of the host country. The Chinese Embassy in South Africa and its Consulate General in Cape Town are typical representatives of the new period of Chinese diplomacy. Their conceptions, layouts and material palettes exhibit the decorum and the sense of dignity that embassy buildings should have. Their stylish contemporary courtyards, exquisite gardens attempt to pay tribute to the African using the language of architecture.

国家强大了！国人有钱了！经过30年的快速发展，中国在世界的地位发生了巨大的变化，中国人在外国人面前腰杆也挺起来了。然而在人们对中国经济的飞跃发展充满好奇和羡慕的同时，也对中国人处事态度的变化产生疑虑和担心。外交使团代表着国家的风范，使领馆建筑也代表着国家的形象。因此，设计使领馆建筑多少担负着表达中国精神和传递文化品位的重任。9年前我们有幸承担了中国驻南非使领馆的设计工作，在创作中得到外交部和使馆各级领导的大力支持，他们彬彬有礼的作风、既相互尊重又坚持原则的办事态度以及对国际文化交流的设想，给了我们很大的启发和激励，使我们明确了尊重环境、和谐内敛、追求精致典雅文化气质的创作思路，设计工作由此顺利展开。

南非位于非洲大陆最南端，1961年建国，自从它结束了种族制度以来，打破了在国际交往中的封闭和孤立状态，先后与许多国家恢复或建立了外交关系，一些新的使馆建筑也在其首都相继落成。中华人民共和国与南非共和国于1998年1月1日建交，作为非洲最大的经济体和最为活跃的新兴经济体，南非是中国在金砖国家机制和二十国集团中的重要全面战略合作伙伴。但是原有的使馆建筑只是收购了一个不

大的私家别墅，显然无法满足日益活跃的国际交流的需求，使馆扩建成为当务之急，建成后将成为中国驻非洲最大的馆。一晃快十年了，经过漫长的设计、报批、等待和施工的过程，2011年终于迎来了全部竣工的喜讯。

1 大使馆

在南非首都比勒陀利亚市的一条林荫大道旁，一道灰色的砖墙水平展开，墙后可以隐约看到层层叠叠的建筑，最醒目的还是建筑群体前迎风飘扬的五星红旗。中华人民共和国驻南非大使馆历经长达近十年的设计施工，终于以独特的形象矗立在异国的地域上。

使馆原有用地位于比勒陀利亚市郊的富人区，与国宾馆为邻，旁边还有其他国家的外交机构。为了扩建工程，使馆委托当地咨询公司逐渐收购了相邻的私人物业，最终形成了较为宽敞的新使馆建设用地。场地北高南低呈缓坡状，四边临路，南北侧道路均为进出市区的主干道，车流量较大，东西侧支路车流量相对较小。依据当地规划条件，使馆主入口应设于南侧，次入口可对东西侧道路开口，北侧面对总统府花园出于安全原因不能开口。当地政府对建设工程的监管总体原则是"外紧内松"，即：涉及他人或公共利益方面的问题，要求严格；对建筑红线内、只涉及业主利益的部分，比如建筑形式、功能布局等则管理宽松，这一点与国内做法相比似乎更科学合理，也为使馆设计工作的安全性创造了有利条件。在考察中，给我们留下深刻印象的是场地内一棵棵参天大树，其中有棕榈树、橡皮树、槐树、荆树等，它们枝叶繁茂，遮天蔽日，当任的刘大使一边领我们看现场，一边说能不能多留一些大树？自然生态是非洲的特色。这与我们的想法不谋而合。为此，我们认真进行了现场勘测、拍照，以便在而后的设计中尽可能地进行避让。场地上还有一些现状建筑，设计中也结合布局有选择地进行保留和利用，一部分用来做周转办公用房，其中一幢较有特色的英式别墅被改造成馆员活动室长期保留下去，为的是保存一些场所的记忆。

外交部对使馆设计要求很高，希望通过使馆建筑体现出中国在当今世界上所处的重要地位，科学合理地组织好多样的功能流线以满足各种使用需求，同时也要为常年驻守异国他乡的外交人员营造亲切宜人的办公和生活环境，而最重要的是要确保使馆的安全。为此使馆安排我

们走访了几个当地的使馆建筑作为参考。美国馆距我们不远，建筑低矮封闭，周边路障围挡，戒备森严；法国馆环境优雅，就像个高档办公小区；日本和韩国馆虽然都用了坡瓦顶、砖墙和围廊，但其外面又都加了一圈高高的铁丝网，为了安全失去了友善的使馆形象。总的感觉特色都不太明显，与我们所理解的使馆气质相去较远。

经过考察及与使馆方座谈，一条设计思路逐渐清晰并在团队中达成了共识——建设使馆，既要在异国地域表现中国的精神，也要尊重所在国的文化，更要与邻里和谐相处。安全防卫固然要考虑，但应尽量做到"外松内紧"，不要生硬、夸张。这既是我们建馆原则，也符合了我国外交事务的一贯风格。

1.1 布局

在建筑布局上，馆舍办公楼坐北朝南位于用地中部，二期官员宿舍位于西北区，南面是主入口及小广场和停车区，北面留出一大片草坪和树木，东侧是签证处，独立入口。这种布局既有利于各部分功能区管理，更考虑到让最重要的办公主楼放在用地中间，各个方向都有较大的自然防护距离。而这种退让的姿态也减少了对相邻他国外交机构设施的压迫感。另外在建筑布局中用不同的庭院组合保留现有树木，让建筑与环境比较有机地融合起来。

1.2 功能

使馆办公楼为了安全讲究内外有别，严格区分。中央主入口主要是礼仪接待，西面侧入口是宴会活动入口，东面侧入口是对外办事区，签证处的入口独立设在东北角，内部办公区在两侧庭院廊道上有专门的门禁系统，形成第二道管理线，另外地下车库亦有内部地下连廊通往办公区成为安全隐蔽的通道，即便在办公区域，卫生间与电梯楼梯组合一处，置于办公区内之外，使打扫卫生和维修设备的勤杂人员不能进入保密区域。另外按馆方要求专门设计了双层钢筋混凝土防护屋顶，平、坡屋顶之间的架空空间放置各种设备，也可通风，还减少了太阳辐射热。

1.3 庭院

园林是中国建筑艺术的重要特色之一，体现天人合一的哲学内涵。我们在不同功能区穿插了几组庭院—入口大厅面对的中心庭院、在其两侧对外接待区围合而成的数个独立小院儿、内部办公楼之间的中院儿以及地下车库旁的下沉底院，形成了院中有楼、楼中有院的层次丰富的环境空间，同时也形成了内向的安全控制区。

主轴线上的中心庭院设计为水院，深灰色花岗岩铺地构筑了水池，中央以青白石刻槽形成"曲水流觞"，体现了中国式的迎客主题——以文会友、借酒抒情。穿过月洞门就是北侧的大院，舒缓的草坡上几组保留下的大树姿态优美、枝叶繁茂，挡住墙外道路的噪声。西侧结合留下的英式小楼设计了一方静静的黑色溢流泳池，如同镜面，在将蓝天云影下呈现西式现代景观的艺术氛围，这里也是大型庆典活动、酬宾客活动的地方，但因种种原因泳池最终没建，有些可惜。两侧会客区域内4个小庭院，院虽不大，但都以富有诗意的古词命名，"半潭秋水""冷泉撷秀""茂林修竹""岁寒草原"，象征四季，园内或植竹、或叠石、或摆石桌凳、或有精美的卵石铺地，表现出中国园林的文人气质。东西两侧办公区内庭院则主要以明快的绿色为主题。茵茵绿草、几株修竹、朴素淡雅的青石板和精雕细琢的园艺小景，还有巧妙保留的几棵大树遮阴，为工作人员营造了轻松舒适的环境。同时，园内利用斜坡的处理还为地下连廊提供了天然采光。而车库两翼的下沉天井不仅把光线引入地下，也利于尾气排放，几丛花草植物给地下馆员餐厅提供了景观。

1.4 造型

南非处于南半球，坐北朝南的使馆主楼立面实际处于阴面。为了避免阴暗的立面形成的沉闷感，设计中我们特别注意体量的组合前低后高减小阴影区，让阳光在屋脊上留下一条条高光，而矮屋面上的阳光形成反光，也提高了相邻屋面立面的亮度，另外利用大小高低不同的入口雨篷形成起伏的轮廓线，而空灵的结构梁架和两端细腻的百叶窗也为入口区提供了丰富的光影效果。

使馆总体建筑设计中运用了模数的营造方式。模数的应用是中国传统建筑文化的精髓，早在唐宋时代就已相当成熟。中国古代建筑的木结构体系适应性很强，这个体系以四栏、二梁、二栋构成房间的基本框架，可以左右连接，也可以前后连接，又可以上下相叠，还可以错落组合，无论哪一种，都可以在不改变构架体系的情况下将屋面做出不同的形、不同的势。单体的建筑艺术造型，主要依靠灵活的搭配和样式众多的屋顶表现出来，而传统建筑的造型美，很大程度上也表现为结构美。为了充分体现这一特色，我们以3600mm的模数设计了钢筋混凝土框架结构，在造型上有意将框架与墙体和屋盖体系相独立，屋顶两端收头部位切角形成三角形凌空梁架，表现出了建筑的结构美。同时，办公楼和宴会厅的侧墙乃至坡檐排水槽的设计中顺势沿用了三角形和菱形的几何语汇，使结构语言与装饰语言一体化，构成了有古典韵味的现代建筑体系。还应该说明的是这种暴露梁架的手法不仅是为了表现中国木构之美，其实英式维多利亚建筑和南非土著建筑也都有独特优美的木屋架系统，这种设计也体现了对当地建筑文化的尊重，或者说是找到了"公约数"。

领事馆轴测图
axonometric drawing of the Consulate General

1.5 细部

建筑的品位在于细部，而细部设计是从建筑到室内的系统控制策略，换句话说建筑和室内的语汇应该是一致的，而这种语汇可以转换成不同尺度以适应不同的环境。所以我们仍然沿用建筑框架的菱形图样，在立面外窗上设计了古铜色菱花格栅，既是遮阳，又是安全防护，也表现了中国传统建筑的特色；在大门扇上我们也用菱花窗表现出精致和尊贵的迎宾氛围；在大厅和宴会厅的吊灯设计上，菱形的图案转变成水平的菱形灯箱，像宫灯一样优雅宁静。我们还将这个语汇用到围墙上，钢筋混凝土墙体上装上菱形的花窗，菱形断面的顶梁一方面起到

防止攀爬的作用，另一方面顶梁内嵌的日光灯在夜间通亮，在满足安防监控的同时也宛如一道长廊，传递出友好礼仪的姿态。

1.6 室内

使馆对外礼仪接待和宴会区的精装设计延续了建筑的手法，顶面在保持建筑坡顶空间界面的完整性和序列感的前提下，适当用木椽条形成细腻的界面，墙面用灰砖和白色涂料饰面，再以青白石铺地，以栗色重漆饰门，再配以造型吊灯、中式家具、书画条幅、彩绘画屏、工艺小品点缀在不同空间中，营造儒雅的书苑氛围。另外我们也推荐使馆陈列一些非洲工艺品，表现出对驻在国文化艺术的欣赏和尊重，也是一种善意。

2 总领事馆

中国驻南非开普敦总领事馆是和驻南非大使馆馆舍工程同期进行的另一工程。用地位于开普敦著名的景点——桌山（Table Mountain）东南麓山脚，也是从当地不同业主处分别买入的3个别墅院落，其中之一更是当地著名的历史建筑——名园，在设计之前，领馆方已确定作为领事官邸保留原貌使用。其余部分建筑可拆除建设包括办公、宴会、招待和馆员宿舍等功能的新馆舍。

用地为单面坡山地，西北高、东南低，高差达13m之多，周边除了森林就是掩映在林中的别墅庄园。在项目之初赴当地考察时，身处现场，优美静谧的自然环境促使我们不忍多动这里的一草一木，尽量将建筑隐藏到此景此境中去。

新领馆虽说不大，但比起周边的一座座小楼，在规模上仍是个"巨无霸"。因此排布功能时首先要注重的就是依山就势，化整为零，按使用功能分区分楼来布置。在保证通达性的同时，各部分均有自己的室内空间和室外环境，日常出入和使用要做到独立，互不干扰。用地西南面与繁忙的罗德路相连，是整个地块的最高点，也是唯一适合设置主要出入口和签证区的地方，这里是日常对外工作最繁忙的部分。在经过主入口的安检和停车区后，进入第二道栅栏门，沿园区路往下，迎面即是建筑的迎宾入口，这里也与整个对外接待区直接相连。一侧的大草坪成为整个园区内最平坦、视野最开阔之处，向西望去，掠过树梢，桌山山顶仿佛近在咫尺。在天气晴朗的时候，这里可与宴会厅连成一片，用以举办大型礼仪活动和聚会。用地中段设置了内部办公区和馆员宿舍区，主要出入方向均设置在背向外区景观的一侧，3座

小楼一横一纵，围合出了领事馆院的内区主要室外庭院。庭院中间是一处泳池，四周掩映灰墙和树丛，也使这个内区庭院幽静中多了一分灵气。从这里继续沿小路下行，到达最低处的网球场，穿过凉廊和台阶，就能抵达领事官邸的名园，那里即是更清幽的去处，房屋、植被、泳池、甚至草丛中的每一片虎皮石墙，虽经过精心的修缮，仍一切按原貌保存，继续诉说着这里的故事。整个园区中安检、签证、接待、办公、住宅几大部分功能自然而然被分作五六个大小不一的体量，随山势高低错落，嵌于坡地丛林之中。建筑和院落的每个部分都希望能在最合理的位置上，虽经精心安排却看起来自然而然，也许就达到我们心目中"藏"的效果了吧。

建筑造型上无疑应该兼顾体现中国文化的内涵和南非当地的地域特色。设计引入了"墙"和"四坡屋顶"两种元素："墙"是中式建筑中的常用构成要素，用于围合建筑中的虚空间，在必要之处阻隔视线和划分院落；而"四坡屋顶"则是西方建筑的典型符号，当地雨季很长，又是山地，雨大势急，周围的别墅多采用这种形式的屋面，我们遵从当地习惯的同时结合业主要求，在四坡屋顶的下方增加一层平屋顶，达到了安全性和隔热性更佳的双重作用。形态上，二者的搭配"看上去"也是合理的：横向的墙和出檐深远的四坡屋顶合力带给建筑的是舒展一致的横向线条，在自然的坡地上与地形相映成趣，和更丰富的层次感。立面墙体以灰白两色为搭配，白色为涂料，灰色则是沿用使馆工程的外墙材料——中式的灰色面砖。窗口的木色护窗板和空调格栅则是取材于名园的形式细节。屋顶上的石板瓦也是当地产

的黑色石板，但在规格上加一些修改。细节上的檐口收缩，舒缓的坡度，修长墙体上厚重的压顶等，以及室内装修和陈设，也都以诗情入题，书墨为意，希望营造一种文儒书香、宾至如归的宅院气息，能给予观者和使用者一种"虽在他乡，如处故里"的感觉。

施工期间，附近居民很担心这个"大家伙"会给他们山青树茂、平静安宁的生活带来破坏，据说为此还招来诸多舆论；而南非当地对于原居民的权益保护更是注重，光是一个院墙，和邻居的沟通和修改就不下五六轮，不经邻居点头就不可以施工。幸运的是，待领馆新馆舍建成，陆续听闻不少当地居民的夸赞，这是我们最感欣慰和盼望的，也说明它宁静谦和的气质和隐藏于山林的姿态，已经得到了当地的接纳，表达了中国礼仪之邦的风采。

3 结语

南非使领馆落成之际，恰逢中国与南非建交15周年前夕。从设计到建成，历经8年，多名设计人员先后被派常驻现场配合施工，这也是工程最终达到较好完成度的必要保障。我们非常感谢施工单位、管理单位付出的辛勤劳动，感谢我们设计团队各个专业每一位设计者，在这个不大的项目漫长的设计和施工配合过程中，大家认认真真、不计得失、精诚合作，不为别的，我们都知道干这个活不能丢了国家的脸面！

我们谨以此文记录这段难忘的创作历程。

——原载于《建筑学报》2013年第6期

现代聚落营造，传统私家园林文化的传承
To create modern settlement, to inherit traditional private garden culture

中信泰富朱家角锦江酒店 · CITIC PACIFIC ZHUJIAJIAO JIN JIANG HOTEL
设计 Design 2007 · 竣工 Completion 2013

用地面积：43449平方米 · 建筑面积：40430平方米
Site Area: 43,449m^2 · Floor Area: 40,430m^2

合作建筑师：单立欣、刘 恒、白 海、施海燕、何理建、李 斌
Cooperative Architects: SHAN Lixin, LIU Heng, BAI Hai, SHI Haiyan, HE Lijian, LI Bin

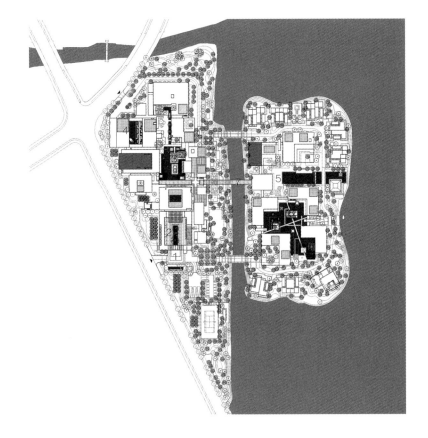

1. 影壁
2. 入口庭院
3. 中央水庭
4. 叠水水庭
5. 日出水庭
6. 景观庭院
7. 风雨廊桥

总平面图 site plan

宾馆与朱家角古镇隔大淀湖相望，以若干大小不同的矩形院落相互交叉嵌套，用方整的单体形成了丰富而生动的聚落式空间。为了保持环湖公共绿带的完整，建筑基地被一分为二，其高度也因毗邻古镇而受到限制，控制在12m以下。格栅、木窗、片石、竹林等传统元素的运用，均衡而非对称的构图方式，使素白的现代建筑与江南水乡的传统民居产生了契合。每个院子具有独特的景观和装修形式，并结合陶瓷、竹木、琉璃、砖墙、金属等不同材料形成各自的主题。院落围合和建筑墙体上看似随意的开窗，既来自功能需求，也根据不同景观方向，形成巨幅景框，将自然风景和人文艺术剪裁成迷人的画卷。沿着建筑内部行走其间，江南园林般的空间形态次第展开，现代与传统交织其中。

Lies across Dadian lake to Zhujiajiao old town, the resort adopts a spatial organization casting a number of boxes with different sizes, proportions and textures into the site. The interweaving and interaction of modern cubes create a dramatic atmosphere with the scene of traditional settlement. Detailed by the lattice, rockery and bamboo, the whole resort is a blending of modern construction with a subtle reference to historical building form in the riverine towns. Outside, the rich manners of decoration, landscaped design and building material individualize each courtyard. Inside, a rich procession of space is formed that recalls the experiential sequence of traditional Chinese gardens.

园子·院子·框子
——记中信泰富朱家角锦江酒店

崔愷、刘恒

GARDENS, COURTYARDS, AND FRAMES:
A NOTE ON CITIC PACIFIC ZHUJIAJIAO JIN JIANG HOTEL

CUI KAI, LIU HENG

Abstract

For this leisure resort in the riverine town of Jiangnan region, Zhujiajiao, modern elements are beautifully integrated into the southern vernacular typologies. Besides the use of white wall and grey brick, the spatial composition of traditional Chinese building group is employed here by a series of gardens and courtyards, which provide space sequence to frame charming views of the resort.

缘起

朱家角镇位于上海市西郊青浦区中南部,村落的形成最早可追溯至1700多年前的三国时期,后以其得天独厚的自然环境及便捷的水路交通,商贸云集,往来不绝,在明朝时期成为江南巨镇。至明万历年间正式建镇,名珠街阁,又称珠溪。1991年,朱家角古镇被列为上海四大历史文化名镇之一。由于镇内河道纵横,水网密集,又素有"上海威尼斯"之美誉。朱家角因水而生,因水而美,镇子里颇具特点的人文景观:"一桥、一街、一寺、一庙、一厅、一馆、二园、三湾、二十六弄",这些都赋予了朱家角典型的江南水乡特点。近几年来随着旅游的发展,古镇内外都有一些改造和扩建,不少优秀建筑师也介入其中,完成了几组有地域特色的建筑作品,受到了业界的关注。

2007年底,来自上海中信泰富的业主找到我们,希望就在朱家角设计一个特色酒店聊聊概念。这个酒店是业主正在开发的地产项目的一部分,位于朱家角古镇北面大淀湖的西岸。整个场地分为两块,一块为岸上的楔形地块,一块是离岸不远填筑的人工岛,两块地之间有环湖公共绿化带穿过。出于对古镇风貌保护的要求,建筑檐口高度需要控制在12m,容积率为0.62。业主希望这个酒店是一个休闲度假式的,主要为上海人周末度假和企业会议服务,在气质上是一种有地域特色但又比较简洁现代的,不要刻意模仿古镇风貌。当然这两点要求也正符合我们的立场—以创新的态度面对传统,以服务的态度面对需求,所以交流很顺利,业主便委托我们承担这个酒店的设计任务。

院与园

设计的开始,就是思考建筑和环境以及空间与使用方式的关系。首先,大淀湖其实水面并不大,沿岸疏朗的树林掩映着一组组小房子,我们的酒店尽管规模相对较大,但也应保持这种和谐的尺度关系。其次,作为周末度假,一般以家庭或朋友为单位,若是企业会议,也是一帮同事同住同聊,这就与一般城里的商务酒店不同,需要用某种小环境来营造交流或休闲的氛围。于是我们的策略就是将建筑"化整为零",酒店不再是通常意义上的一栋或几栋房子,而被拆解成由不同功能,不同群组的一堆房子形成的园子。

记得童寯先生的《江南园林志》中,对"园"字有这样的说文解字:

"园之布局，虽变幻无尽，而其最简单需要，实全含于「園」字之内。今将[園]字图解之：「囗」者围墙也。「土」者形似屋宇平面，可代表亭榭。「口」字居中为池。池前为山，其旨与此正似。園之大者，积多数庭院而成，其一庭一院，又各为一「園」一字也。"在这里对于"園"字先"拆"而后"组"的图解释义的方法，简练的抽象出传统园林中的院落空间组织架构。"園"本身就是一种系统，它既是一组院子构成园子的聚落结构，又是园子中每个院子布局形成的基本原型，在对传统园林一"拆"一"组"的过程中，引发出我们以现代类型学的方法对于传统园林的转译思考。

基于这样的思考，将房子转化为院子，以简洁的方院作为统一的形式语言，因借于所处的环境、功能需求及位置关系等的不同，院子的空间构成方式也不尽相同。或居中成院，讲究轴线秩序，或切角为庭，以建筑环绕，或建筑与庭院各占一边，相辅相成；在院子的大类型之中又体现着不同类型院子的丰富多样的差异性。

将园子里的院子重新组织摆放，权衡院子之间的大小、虚实、深浅、藏露，曲折，园子与院子便同时具有了一种抽象的意境。清代文人沈复在《浮生六记·卷二 闲情记趣》中曾提及如何造园意境之说："若夫园亭楼阁，套室回廊，叠石成山，栽花取势，又在大中见小，小中见大，虚中有实，实中有虚，或藏或露，或浅或深……小中见大者，窄院之墙宜凹凸其形，饰以绿色，引以藤蔓；嵌大石，凿字作碑记形；推窗如临石壁，便觉峻峭无穷。虚中有实者，或山穷水尽处，一折而豁然开朗；或轩阁设厨处，一开而通别院。实中有虚者，开门于不通之院，映以竹石，如有实无也；设矮栏于墙头，如上有月台而实虚也。"在这样的意境指引之下，院子的重构获得了一种新生的力量，而这股力量正是根植于江南水乡的文化意象之中，是一种本土园林文化的有机传承方式。

功能构成

当然，酒店的设计肯定不能仅是一种文化的概念，其复杂的功能需求与流线组织方式最终支配着整体布局的形成结果。按照两块用地与城市的关系，沿珠湖路的岸上地块主要布置酒店的公共区，而岛上则布置客房楼和家庭度假别墅。酒店的主要入口设于西侧地块的南端，以一叠水影壁为基点引出南北向进入酒店的轴线。第一进院落是酒店的

入口前庭，以围合的廊道和水池景观形成静谧宜人的迎客氛围，也满足了不同人、车流的交通组织的需要。第二进院子是酒店大堂，虽然是室内空间，但中心立体水帘确实来自于民居中四水归堂的理念。第三进院子是主庭院，也以水景为主，周边围合的会议、宴会厅、健身中心、客房、餐饮区形成一个个或开或合的院落依次展开，展现了丰富而幽深的层次。会议和多功能宴会厅组成的院子放在轴线的西侧，北面是健身和泳池组成的院子。东侧是餐饮区，结合水岸景观一字排开，形成了开放式食街的格局，西餐、中餐、明档自助餐任由客人选择，室外还设置一些休息就餐平台，与城市绿地的景观整体设计。从大堂后廊向右手走是个步行桥廊，跨过河道便是岛上的客房区前厅，由此可以连接两侧的客房组团。岛上客房大致分为两类，一类为紧邻着湖边的别墅，另一类是以标间、套房为主体的客房院落。建筑的高度沿着湖面的方向依次跌落，并将院子参差摆放，以期获得最大化的湖景视野。客房楼走廊串连，别墅可由电瓶车直接从大堂送达。为了保证不突破地面以上的建筑容量限制，同时也是保持地上建筑院落的纯净感，酒店大部分的辅助房间，包括设备机房、各类餐厅的厨房、宴会厅的储藏空间、洗衣房及相关配套设施、车库、酒店职工配套和后勤辅助设施全部放在岸上部分的地下。岛上的客房院落因为比较分散，在地下也集中敷设了设备管廊。

造园水景

江南水乡的形成自然得益于江南的气候与地理环境特点。雨水充沛，水网纵横使得江南的居民无论生活或者生产皆与水有关。建筑布局也是沿着水边呈线性分布，形成水街，或尽量环水而居，前街后水，临水构屋，甚至水巷穿宅而过。在江南水乡的整体布局和传统园林的营造中，甚至于中国传统山水画境的经营之中，水作为串联各局部、各组团空间的线索和导引而起到非常重要的作用，成为空间及画面组织的重要元素。"水"的边界、"水"的隔离、"水"的张弛、"水"的蜿蜒或通豁，"水"不仅是景观组织之线索，更为重要的是行为之导引，而引发出具有积极性的空间事件。

在我们的设计中，水自然是精心营造的主题，采用"水街"的意向使水若隐若现游走于不同院落之间，甚至漫延至院子内部。水的存在方式与院子的类型相关，因为功能使用与人的行为方式上的不同，水院

的设计自然也会不同。

酒店入口庭院的对面以一块叠水的影壁引水入院，叠水之声似乎减弱了街上的喧嚣。进入酒店前区庭院，中心为一长方形水池，池之中栽有花卉树木，并点缀烛台夜灯，庭院中辅以两侧翠竹环绕，形成恬静怡然的气氛。进入酒店大堂，空间的体验转成竖向，光线从屋顶中央天棚倾泻而下，而水则沿着金属丝线从高处缓缓向下流淌，在地面汇聚成池，有四水归堂之意，而一方黑石如墨，将院子的文化品性呈现出来。从大堂向北，推开一排隔扇门，眼前顿时豁然开朗，一大片水面在建筑之间漫延开来，左右两侧白色的院墙围绕着这一片水面层层展开，在水庭一角的石台之上植栽几株大树几丛花卉，成为一处纳荫乘凉休息之所，如水乡村前池塘边的景象。而水呈细流向北沿边墙继续延伸，形成连绵不绝幽深之感。中央水面如镜面一般映着白墙树影、天光、云影，如一幅淡彩的山水画，人在画中，又或在画外观景，园中有园，景外有景，所谓诗情画意油然而生。中央庭院边上的健身中心的院落中还有一处别致的水院，利用室内泳池的水面与室外景观水池一体化设计，形成拓展空间的效果。水池中的水从另一侧檐口溢出，顺着下沉庭院的青灰色石板墙变为一面叠水。下沉庭院两侧为SPA区域，客人穿过水庭竹林进入室内，有一种自然山林中清新的气息。

岛上的水景以日出水庭为中心，位于行政廊的东侧，向东延伸至大淀湖边，为了保持与湖面水景视觉上的连续性，水庭顺着环路切分为高低两块水池，池边以无边界的方式进行处理。沿着水池边缘，一侧布置绿化，用密植的灌木与树丛遮挡客房的院子，保证一定的私密性，另一侧将平台扩大，在绿化中间用木甲板铺装，摆上几组沙发，形成一处惬意的休闲观景场所。水池尽端有一草棚茶室，浮于水面之上。茶亭四面皆为玻璃，玻璃对周围景物反射且透射的效果，让人在这里有一种浸在湖光之中的幻觉。岛上客房区中原本设计也还有一些水体延伸，之后由于控制投资而改为了绿化，形成了别样的院子里的风景。

水墨画境

提起江南水乡的建筑形式，直接能想到的莫过于白墙灰瓦。但简单的再现这个手法似乎缺乏新意，业主也希望和当地传统的建筑从外观上就有所不同，如何抽象和提炼的确是个难题。

漫步于江南水乡就像是游走在一幅幅优美的水墨画卷之中。在历朝历代文人、画家直接参与造园的方式下，他们将自己的绘画美学思想巧妙地融会贯通于造园艺术之中，他们把"真山水"移情于园林艺术中；并在移情和创造中不断地把"画论""画卷"中的思想、审美趣味与景观的立意结合起来，开创和发展了中国园林深邃的文化意境。而在园林之中，将自然环境、山水构造和人文建筑三者的高度浓缩组合，形成了江南园林层次分明、变化有序、迂回精巧又和谐统一的格调，这样一种格调又往往以建筑不同空间界面中的门、窗作为景框，以一幅幅动态的画面呈现出来，这些都与中国山水画的气韵、格调和意境有着异曲同工之妙。因此若论园林的营造变迁，其实又与中国山水画的演变发展相融共生。

在将院子以类型学的方法进行拆解、重构之后。一堆白色方块所构建形成的简约院落，形成了层层叠叠，错落丰富的空间形态。于是我们想起已故中国传统画大家吴冠中先生创作的艺术作品，在其大量反应江南题材的画作中，诸如《忆江南》《江南人家》《鲁迅故乡》等，画面之中所体现的"黑、白块面之跳跃，大块、小块之对照与呼应"，从而最终产生的"那密密层层、重重叠叠的丰富感"深深触动着观者内心，激发着观者对于江南水乡之憧憬，而画中寥寥几笔的色彩犹如"画里珠宝"成为提神的点睛之笔，使画面富有一种生机。当然这半具象半抽象的黑白色块、线条，以及点、线、面的有机构成形式，肯定不仅止于图形之构成。在跳跃与平衡、欢快与沉稳的起伏节奏中，蕴含着极为深厚的画意和画境，它是从纷繁复杂、消失、变化运动中的那些表象事物之外，寻求一种永恒、长久而具有规律性的能够反映江南水乡特点的东西。而画面中所蕴含着的生机则是包含有人的活动，反映着人与自然和谐共生的富有生命力的场景。

将这样一种场景反映到我们的建筑之中，结合院子类型设计的方法与功能使用的实际需求，将江南水乡地方性的材料特点与构造方式进行抽象与提炼移植到不同的院子之中，形成院子各自的主题与文化内涵。比如可以是一个砖的院子，也可以是木的院子或者石头的院子，还有竹院、树院、水院、荷花水塘等，以不同的材料不同的景观主题使之具有不同的特色。其实在设计的初期，业主对酒店的投资有一定的宽松度，加之业主本身深厚的文化背景，我们甚至提出建议，把这样一个精品酒店作为艺术品收藏与展示的场所，或者直接邀请艺术家结合不同院落的特点形成一些现代艺术作品，结合这些艺术作品，将建筑、室内与景观整体设计，使院子具有更深厚的文化底蕴。当然实际后来的投资变化，这些设想仍然没能实现。

相对院子里面这么多的变化，建筑的外观侧以素白的涂料墙面为主。院墙上根据视线和艺术主题的需要，剪裁出大小不同的画框，透过画框看院内外的风景，就像是在一张张宣纸上绘出的山水画，浓墨淡彩，意境变幻。当客人沿着内部走廊游走于院落之间，穿行于画框内外，处处对景、借景，步移景异，与传统江南园林同构同质，尽管尺度和语汇并不相同。同时"框景"又可理解为是在各层次的局部空间之间建立关联的结构重组——"视野关联""景观关联"，进而实现"看与被看"之静态空间之外的"动态行为关联"，住宿者既可以体验到周边限定范围的空间景观氛围、又可以突破这既有的局部限定而去融入整体性的院子、园子当中。园子、院子、框子在一个系统中，既有层层递进的层次感，又在一个周而复始的系统里完成一次相互关联的空间重构。

虽然这些空间层次的处理手法避免了一般粉墙黛瓦的单调和重复，但从远处望去仍然担心会显得单薄苍白。为此我们加入了一些黄色的砂岩石板和木格栅材料构成差异，也适当微调了不同色度的白色涂料，让其有一点儿新旧的时间变化，显得更自然些。当然在景观种植上我们也要求设计师用密植树林的办法把建筑群的体量进一步遮掩和分解，希望它更能融入自然，低调谦和。

除了这些大实大虚的空间和材料变化，我们在客房立面上重点设计了阳台雨篷。我们将传统民居木框纸窗上翻遮阳的手法加以转换，结合阳台遮雨的实际需求，设计了木色铝合金框架从阳台内伸出，铝框上嵌入磨砂玻璃，在阳光或灯光的照射下可以在墙上投出细腻的光影，使形体比较简单的方体建筑显得更加精致而富于诗意。

曲折的过程

从2007年年底我们接触这个项目，直到2013年9月份正式对外营业，酒店的建设断断续续走过了近6个年头。开始时由于业主定位较高，请了凯悦酒店管理，所以除了我们建筑设计团队外，都选择了国际设计单位合作，如景观设计是香港易道，室内设计是马来西亚的E.D.C，照明设计是新加坡的P.L.D，机电顾问为香港的Mausell E&M Consultants Ltd，厨房洗衣房设计顾问为香港FSCHK等，当时各方在我们和凯悦公司的总体协调组织下合作是卓有成效的。但由于2009年金融风暴，中信泰富领导层出现很大变化，致使设计工作一度停顿。2009年下半年再次启动时情况大不一样，不仅业主团队换人，原来的凯悦酒店管理公司也离开了。在没有明确的品牌经营和

星级定位的情况下，置业公司对原有的工程设计进行大幅调整，削减成本，为此设计中所有超出预算的地方被大量简化，造成了不得已的许多返工。而其间的工地施工组织也被打乱，时断时续有些无序，以及与设计衔接的断层等种种原因下，工地的问题开始层出不穷，扯皮不断，这使工程完成度受到了很大影响。好在后期介入的广州集美组室内设计团队水平较高，与我们积极配合，使室内空间效果有了很大的提升。而景观虽然也进行了不少调整，但易道的总体构思还是保留下来了，使整体效果得到了保证。

2014年赶在"十一"人潮涌动之前，再次拜访朱家角。此时距离最后一次离开工地的时间已经一年半的光景，距离酒店正式开业也一年有余。来之前在网上做酒店预订，发现评论者众多，逐条看下去好评也颇多，虽然酒店还刚开业不久，服务措施还有待提高和完善，但对于酒店的整体设计不约而同都给予了相当的肯定，这让我们设计者感到欣慰。

回首往昔，工程虽历经艰难，又屡遭折减，但是由于坚持了立足本土的设计立场，尊重江南水乡环境的谦恭态度，使建筑最终与当地环境得以和谐共生，同时在"园子、院子、框子"的类型系统之中，重构江南园林及中国传统山水画的格调意趣，使之呈现出来的面貌与品性体现着江南水乡的地域文化特点。而今，虽然工程已经结束，但建筑的生命才刚刚开始，那一幅幅画框中的风景还在生长变化，远未完成……

——原载于《建筑学报》2015年第6期

菱形体单元，既是大跨度屋顶的结构组成，又是与古城肌理协调的传统元素
A rhombus system, not only the units of roof construction, but also the
tradtional element coordinated with the old city

苏州火车站站房 · THE BUILDING OF SUZHOU RAILWAY STATION
设计 Design 2006 · 竣工 Completion 2013

用地面积：96000平方米 · 建筑面积：85800平方米
Site Area: 96,000m^2 · Floor Area: 85,800m^2

合作建筑师：王 群、李维纳、王 喆、龚 坚、狄 明、涂 欣、贺小宇、章 春
Cooperative Architects: WANG Qun, LI Weina, WANG Zhe, GONG Jian, DI Ming, TU Xin, HE Xiaoyu, ZHANG Chun

合作机构：中铁第四勘察设计研究院
Cooperative Organization: China Railway Siyuan Survey and Design Group Co.,Ltd.

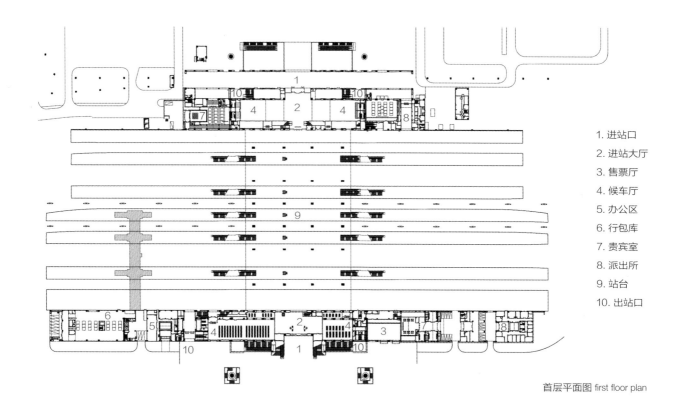

1. 进站口
2. 进站大厅
3. 售票厅
4. 候车厅
5. 办公区
6. 行包库
7. 贵宾室
8. 派出所
9. 站台
10. 出站口

首层平面图 first floor plan

苏州站位于老城北边，隔护城河与姑苏城相望。现代化轨道交通系统的发展使老车站难以满足使用要求，需要一个大规模、综合性的交通枢纽取而代之。新站创作的核心问题是如何使庞大的空间体量与苏州细腻、幽雅的小尺度氛围相协调，从而坚持"苏而新"的本土建筑原则。设计将菱形作为一个符号系统进行发展，从大跨度的站房空间桁架体系，到门窗檐口以及地面铺装的不断演绎。

站房入口深远的出檐，外墙的金属格栅，两组承载屋架的大型菱形灯笼柱，加之灰、白、栗三色搭配的苏式淡彩，以及功能用房围合的大大小小的庭院，半室外的下沉广场，环绕的候车敞廊，都使这个庞大的现代化车站能够与古城对话，成为城市的有机组成部分。

Suzhou Railway Station is located in the north of the old city. The development of rail transportation requires a new dedicated and larger transportation center to replace the existing facilities. The design's challenge lies in ensuring that the large volume suits the small-scale traditional atmosphere of Suzhou. To retain the native architectural style, the design develops a rhombus symbol system covering the roof construction, the frames of windows and the patterns of paving. Additionally, the white walls, black tiles, gardens and corridors all ensure that this modern station becomes an organic part of Suzhou city.

王东宁 摄

浅议火车站的地域特色 PRELIMINARY DISCUSSION ON THE REGIONAL IDENTITIES OF RAILWAY STATION

Abstract

The rapid expansion of railway construction in today's China received a blossom of super-scale railway stations. Concerned as the "city gate" of new age, railway stations are always asked to be designed to be landmark and a symbol of the local culture, which often turned to be fake of the ill functions. In Cui Kai's opinion, there are five methods for Chinese railway stations to present the local culture: fitting in the site, focusing the needs of passages, adoptable technologies, details with regional features and the integrating environment design. The Lhasa Railway Station, Suzhou Railway Station and the scheme of Xi'an Railway Station are representative projects designed by Cui Kai that applied those methods.

也许可以说，蒸汽机的发明标志着西方工业革命的到来。自那时起，蒸汽机就驱动着滚滚的车轮，沿着钢轨把现代文明运向远方，全球化就此拉开了序幕。100多年前，当那闪亮的轨道铺进了古老的东方大地，那一座座西洋楼式的车站就成了西方文明的标志。60年前，推翻了三座大山的中国，民族复兴的精神也反映在铁路的建设上，现代化的建筑功能和技术与民族形式的精心组合，成了那个时代建筑文化的历史见证。同样的象征主义的豪情也出现在40年前"文化大革命"的年代，对建筑政治性的解读要求建筑师在美学和政治语义学之间寻找平衡点。我今天仍然十分敬佩那些前辈，从他们那些打着时代烙印的作品中仍可看到优雅的比例、严谨的构图、精心设计的细部。我以为这类车站建筑也应该保留，正如"文革"这段历史不能被抹去一样。改革开放30年来，经济的腾飞、思想的解放、人民生活水平的提高、国际交流的不断扩大，使今天正在如火如荼般快速推进的新一轮铁路建设进入了全新的阶段。铁路新线的增加和专线化、各类交通之间的换乘需求、开放性的候车功能要求，以及新的管理方法、新的服务观念、新的技术可能性和更高的经济投入，使铁路客运站建筑在形态上发生了巨大的变化。大体量、大柱距、大空间、大屋顶、大高架、

大玻璃幕墙、大广场等，几乎成了各地新车站的共同特征。新车站不仅是城市的新门户，而且往往也是城市发展新区的核心项目，毫无疑问成了城市的新地标。而反过来以这样的角度看车站，其重要性就不仅在于轨道交通对城市发展的带动作用，更在于其建筑形式对城市特色的诠释。于是对车站建筑的评价往往也会在这方面产生分歧。有人认为，车站是一个功能性的建筑，关键在组织好各种人流车流，形式可以放松一点儿，实际上许多国外的大型车站建筑在形式上也没什么特别，甚至为了功能的调整而不断变化、扩展，形式很随意，只要好用。也有人认为车站是城市的大门，要突出形象特色，为了形象，功能都可以调整，甚至为了形象，哪怕牺牲一部分功能也没问题，这叫本末倒置。更多的人认为建筑功能要好，形式也要好，解决的方法往往是一个"经典"的通用的平面空间，套上一个"有特色""有说法"的立面，此类方案往往容易被大家认同和接受。但是这种解决策略由于片面地追求立面造型，常常会导致形式主义的装饰堆砌，缺乏与空间和结构的应有逻辑，所谓地方文化在这里变成了建筑的假面具，没有真正的价值，也经不起历史的考验。在此我想谈点儿个人不成熟的观点抛砖引玉，与大家讨论。

1 注意与场地环境的和谐，这是建筑地域性的根本所在

谈到地域文化，首先是产生地域文化的地域环境。而相对人类文明的发展变化，自然环境的变化相对较慢，也较稳定。如气候条件、地形地貌、生态环境特征等。车站建筑占地面积大，往往地处阔达的城市外围空间中，建筑空间与自然环境的关系也更直接。车站建筑体量庞大，与一般城市建筑反差极大，但如能找到和大尺度的自然环境的和谐关系，就可以成为大地景观的一部分，可以充分利用环境的特点和优势，从而使车站具有鲜明的地域性和场所感。但我们也会看到，由于处理得不好，技术策略不对头，对环境因素不重视，往往会造成大量资金不必要的浪费，对环境产生负面的影响，也使建筑自身失去了应有的特色。这种情况，即便在造型上，立面上再去用地域文化符号来装扮，这种所谓的地域性也是虚伪的、造作的。

2 抓住行为功能要素，建筑的地域性源自对现实生活的关注

这一条似乎在任务书中就已经解决了。如车站的规模、空间的分隔、流线的组织及各类服务管理设施等。但如果仔细分析和观察，还是可以发现各个地方车站使用状态的异同。如旅客的成分及其行为习惯，

高峰使用的周期和强度，外部城市空间活动对车站的影响等。找出特点，找到问题，就找到了设计的方向。而有针对性地解决问题，也就使建筑具有了特色。而对地域文化而言，由于时过境迁，传统地域文化所赖以产生和延续的社会生活完全变了，片面地、简单地照搬照抄传统文化符号不是很有价值，今天的建筑应该关注真实的地域社会生活，以此反映今天的地域文化。

3 立足适用技术，使建筑的地域文化更具有理性基础

现代化的车站建筑是现代化技术的大集成，大跨度的结构技术是构成站房大空间的基础，而结构的形式和结构构件的形态就是决定建筑形态的基本特征，因此选择结构形式是关键所在。除此之外，大面积的幕墙和金属、玻璃材料的使用，大规模的人工照明环境，快速舒适的传输设备，以及保证大空间舒适度的采暖通风系统等。

所有这些新技术的采用使车站具有了一种明显的识别性，成为城市现代化的标志之一。然而令人感到无奈和失落的是，由这些新技术装备起来的车站建筑往往表现出一种趋同性和单一性，与具有特色的城市历史文脉和文化很难有明显的联系。似乎全球化、现代化和地域文化在这里形成了对峙，难以调和，往往最终的解决方案还是要利用装饰和陈设。事实并非如此。国内外许多成功的案例都提供了有益的思路，归纳下来可能有几类：一是在结构的选型和设计中去寻找与有鲜明地域特色的形式语言的结合点，也就是让地方建筑语汇成为结构设计的一部分；二是注意选择有地方性的建筑材料和色彩，以现代的设计方法重新组合，形成简洁的，适合大尺度空间环境的界面；三是结合建筑节能、环保的设计理念，选用有地方特色的自然采光和通风的技术措施，不仅能减少照明和空调的负荷，而且也能体现地方的传统和先人的智慧。而这些地方性的适用技术的使用也是我们今天解决环境问题、能源问题的重要手段。换句话说，简单地照搬有些西方发达国家昂贵的生态技术也与我们的国情不符，很难应用和维护。

4 从细节入手，让地域文化伸手可及

相比较建筑功能空间和技术手段的日新月异，人们的基本行为和由这些行为而产生的心理感受是相对固定的。于是在大尺度、大空间的现代化车站设计中，对那些与人的使用直接发生关系的建筑细部和设施的关注就变得十分重要，这也是体现地域文化的一个重要切入点。比如门把手、栏杆扶手、座椅、休息台、服务台、检票口、

卫生间、小商亭、花台、陈设小品以及有特色的地面铺装，有特色的空间隔断，有特色的标识系统等。而现实中，许多车站在这类细节上重视不够，往往采用一般化的通用产品，失去了在细节上诠释地域文化的好机会。

5 从环境的整体性入手，发掘和展示地域文化

车站是交通建筑，人在其中的行为以动为主，也就是说人对环境的感知也主要是来自移动中的体验。这也就要求对车站设计来说，关注环境设计的整体性，以及在整体性基础上的空间序列的营造十分必要。比如从机动车停车场到站前广场；再进售票或进站厅，候车室；再过进站通廊，直到站台，这样一个序列的空间才完成了进站旅客的动态体验，出站亦然。当然这其中还有各种交通工具换乘的要求，还有车站各功能区之间衔接的要求，还有站场空间和城市空间的相互关系。这其中涉及城市设计、建筑设计、地下空间设计、景观设计、标识系列设计、公共设施和公共艺术的设计等，如何使各个部分的设计能够建立在理念一致，相互合作，统一协调的平台上，会大大加强整体性，从而使地域文化更有机地融入整体环境中，给人以更强有力的感染力。而反之的结果则可想而知。事实上，由于铁路客运站规模大，专业性强，牵涉方方面面的权益和立场，一定会有多家设计单位参与其中。但通常的情况是各家设计单位之间只有技术性的接口，而很少有设计理念的交流和设计语言的协调，很难为旅客提供一个完整的、连续的、有特色的文化体验，遗憾很多。十分希望各级领导能对这个问题给予更多关注，建立协调机制，加强合作，共同打造有文化特色的车站总体环境。

以下，我想结合几个设计实例来简要介绍一下创作中的基本思路。

在青藏铁路拉萨站的设计中，对建筑与环境的尺度配合上希望用水平舒展的体量让建筑有一种从大地上隆起的感觉；在建筑结构空间的构成中引入藏族建筑排柱的特点；在建筑造型上以红、白色预制混凝土条板前后穿插、错动，表现藏族建筑体量组合的变化；在建筑材料、家具、照明、灯具、节点、色彩、质感等方面也都来自对藏族建筑的研究和借鉴。另外在适应和利用高原气候特点方面，设计中采用了太阳能采暖系统，防尘通风窗槽等技术措施，得到了较好的效果。

苏州新车站的设计采用菱形钢桁架结构既解决了大跨度屋顶的支撑，又分解了大屋顶的体量，与苏州古城肌理和形态相协调。在南北站房

功能用房的设计中，结合苏州园林的传统，开辟出多组庭院天井，既解决了采光、通风的问题，又形成了地域特色，在色彩和建筑语汇上也从苏州民居中提取典型要素。特别应该提到的是由于苏州市领导的信任和支持，苏州站南北广场的景观设计也由我院一并设计，使得规划设想得以深化和实现，为旅客候车、休闲、换乘提供了一体化的、有特色的环境。

在西安站的竞标中，我们希望采用悬索结构，减轻大跨度候车厅和站台雨棚的结构重量，而由此形成的下垂曲面的轮廓又仿佛像汉唐的大屋顶舒缓地在黄土高原隆起。而在青海西宁站的竞标中我们也曾试图采用先进的拉索结构解决站房和站棚的大跨度空间覆盖问题，同时稍加处理，又隐喻了青海地方建筑的风情。而在京沪高铁建设中，我们又应邀为有文化特色的曲阜站和泰山站设计方案。两个车站规模都不大，空间单纯、流线简单。稍有不同之处在于对来此旅游的到达者来说，实际上出站的空间和形象是第一印象，所以我们有意突出了出站口的空间尺度和形态变化，试图产生较强的震撼力，而对进站流线则更强调它的导向性和收束感。这一放一收，就形成与一般车站不同的特色。另外结合两地文化主题的不同，采用具有象征性的空间结构，使之具有较鲜明的地域性。但可惜的是这几个方案的构思没被采用。

的确，当我们乘上那越来越快的动车组，坐在充满现代工业设计的车厢里，真有一种义无反顾的创新感。而回头看看被甩在身后的车站；那形象、那品质、那瞻前顾后的踌躇，真让我们建筑师汗颜，好像一下被抛在了时代的后面，全没了创作的自信。真应该反思一下我们的立场了。还是老问题：继承还是创新？国际化还是地域性？结合点找准了实属不易。

——原载于《建筑学报》2009年第4期

高低错落的大小方楼模拟村寨聚落，以田园景观衬托环境，谓之"起山、搭寨、造田"

The building mass composition derives from the densely and randomly disposed roofs of traditional Qiang settlements

北川文化中心 · BEICHUAN CULTURAL CENTER

设计 Design 2009 · 竣工 Completion 2010

用地面积：22438平方米 · 建筑面积：14098平方米

Site Area: 22,438m^2 · Floor Area: 14,098m^2

合作建筑师：康 凯、关 飞、张汝冰、傅晓铭

Cooperative Architects: KANG Kai, GUAN Fei, ZHANG Rubing, FU Xiaoming

1. 门厅
2. 贵宾厅
3. 报告厅
4. 临时展厅
5. 270座观众厅
6. 舞台
7. 活动室
8. 展厅
9. 电子检索
10. 阅览
11. 特殊文献库

首层平面图 first floor plan

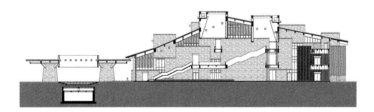

剖面图 section

北川文化中心是异地重建的北川新县城中最为重要的公共建筑之一，位于新县城中心轴线的东北尽端，由图书馆、文化馆、羌族民俗博物馆三部分组成。设计构思源自与山势紧密结合的羌寨聚落。起伏的地形宛若山坡，成为城市与东侧山峦的巧妙过渡，建筑成为一种大地景观，也将三个独立的建筑功能整合到一起。

突出于屋顶的大小高低各异的方楼，在其中营造了如传统羌寨迷宫般丰富的聚落空间。高敞的前庭既连接三馆，也强化了入口广场城市空间的开放性。碉楼、坡顶、木架梁等羌族传统建筑元素经过重构组合，成为建筑内外空间组织的主题。

Situated in the northeast of the central axis, the project is one of the most important buildings of the county. The design conception originates from the Qiang settlement, and emphasizes on the blending of the architectural form and mountains with fluctuant roofing; as the earth landscape. The building connects the three individual functional blocks together. Taking square buildings of various sizes and heights as the basic element, the building creates an abundant space experience as if people are wandering in a Qiang village. The Qiang traditional architectural elements become the theme of the building.

本土文化的重生

REBIRTH OF NATIVE CULTURE

Abstract

A large proportion of post-disaster reconstruction is located in the minority areas, where are not only remote but also owns fragile ethnic cultures. To retain even so far as to promote the culture and building features in the rapid and low-cost reconstruction, Cui Kai proposes a suitable and sustainable method with the respect of local techniques and culture by three design works in Minle Village, Beichuan County and Deyang City.

"本土文化的重生"中的"文化"是大文化的概念,但这里主要讲的是建筑文化。在灾后重建过程当中,由于我们面对的是少数民族地区,如何使少数民族的文化、建筑风貌、城乡风貌保留下来,并且在重建当中得到创新和发展是"重生"的关键所在。作为建筑师,我本人实际上一直是抱着非常迫切的心情,想多为灾区做一点事情,同时在实际做的过程中也有很多的困惑和思考。

原有的少数民族村落,其人居环境不仅与自然环境息息相关,而且与其文化、宗教活动以及日常生活也有密切的关系。少数民族的聚居形态是自然形成的,不是专业人士设计出来的,也不是我们能够真正去重建的。面对这样的情景我们也有怀疑:在重建中我们能不能做到这么好?或者说我们能不能达到原有生活状态的感觉?实际上不是很有信心。此外,自然灾害摧毁了美丽的村落,但是也有很多的遗存,既有硬件的、物质方面的遗存,也有精神方面的遗存。我们前往灾区很多次,看到灾区人民在经过这么强烈的地震之后,人们的生活仍在延续。正如前不久我到玉树看到的,虽然整个城市基本上已经损失殆尽,但是从那些帐篷里面走出来的人衣装干净,他们围着寺庙,围着玛尼石堆在转经;从精神上来讲,他们对死亡、对自然灾害非常坦然,这也让我们有深切的感触。

在如此大规模的快速重建过程中,如何对本土文化定位?如何在重建当中复兴或者保护本土文化?应该说各个领域的专家都在思考,而且对民族文化、地域风貌都很重视。但是在这么短的时间内建筑几十万平方米,又要做到多样性,做到自然,做到反映风貌,其实是非常困难的。更何况建筑师生活在城市里,对当地的环境和文化理解得也不够深入,在快速的角色转换过程中是否能够捕捉到设计的方法是有很多疑问的。

在灾后重建中,我们结合自己的工作做了几件事情:一是结合北京大学老师组织的活动,参与了德阳民乐村的规划和单体设计,此次活动是在震后仓促组织起来的工作营,大家提出各自的方案,讨论如何帮助农民重建房屋;二是按照政府的要求,同时也是援建单位的邀请,先后参加了位于北川和德阳的两个公共建筑的设计。

民乐村的重建是北京大学的朱青生老师和中国扶贫基金会一起组织的,原址处在一个平坦的农田之上,居住状态较为分散。在重建方案中,有一种想法是希望把这些房子都集中在城市道路、乡间道路的周围,后来经过大家讨论,认为这样重建会占用大量的耕地,而原有的一些宅基地又不能被很好地利用,所以这种方式值得探讨。而我认为农民跟土地的关系是非常密切的,虽然彼此之间比较分散,但是却跟农田非常接近,因此希望能够保持原有的聚落形态,尽量少迁移。

在单体建筑设计中,我们提出有关"安全岛"的概念。我们当时得到的消息是国家给每一户农民补助一万元,当地再配套一万元,加上可能自筹的一点钱,总共算来也就两三万元的建设经费。这么少的钱怎么才能建造一个抵御8级地震的永久性房屋呢?因此,我们的"安全岛"方案是建造36m²的混凝土小房子(大概花费是两万,最快半个月可以建好),老百姓在此基础上进行扩建,房子的核心部分是安全的,自建的部分就不一定需要那么高的安全要求,那么老百姓就可以根据当地的材料和经济状况来进行扩建。这样做的目的是基于两方面考虑的:一是针对低造价、量大面广的农村救灾重建工作;二是我们认为建筑师如果把整个村子都设计了,那么会不会变成一个人为设计的住宅小区,与原有民居村落非常自然丰富的风貌还是有一定差距的。因此,我们的想法是设计最安全的部分,其他部分由老百姓根据自身的需要来加建,房子的核心部分是一个安全空间,配上水电和一些救生工具,如果有地震预报,那么一家人晚上就住在里面,等于说每家都有一个避难所，也可以解决政府对于发布地震通告可能引起的社会动乱和恐慌问题。如果把早期、中期的预报跟我们社会的预警系统结合起来，一旦出现重大灾害，这些"安全岛"就可以抵御自然灾害，同时在后续营救时也可以找到相应的位置，生存概率会大大提高。

随着灾区建设的开始，国家动用了整个社会资源，由各省市进行对口援建，所有村镇由政府统一投资建设，"安全岛"重建方案就没能真正实现。但是我想，我们国家处于地震和自然灾害频发的状态，我们是不是每一次都能够投入这么大的成本，动用全国的力量去援助？所有的村落、农民的住宅都由政府统一建设，这个负担相当重，而且这样大规模的统一建设又会使村落丧失了很多有意思的、自然的村镇环境。因此，应该寻找更好的、适度的、可持续的援建方式。

我们参与的第二项工作是北川新县城的文化中心。如何能够把羌风、羌貌在新县城建设中体现出来，对于建筑师来说虽然有很多资料可以参考，但实现起来并非易事。很多的同行都在用装饰的办法，用内地的标准建筑平面套上当地的材料和色彩去表达羌族文化。我想这种做法从对文化尊重的角度来讲是可以理解的，但是站在建筑师的角度，我们还是希望不仅把对文化的理解和表达满足在一般的装饰上，二是能不能用空间的语言，从更深的层次或者从当地丰富的聚落空间模式里提取文化的内涵，使我们的建筑设计更加丰富和鲜活，使建筑真正成为具有地方性、地域性的、创新的建筑？

文化中心设计的基本构思源于美丽的羌寨聚落。我们在设计当中分析了三个要素：第一是我们注意到羌族民居更多呈现的是一种山寨特色，第二是其明显的内向性和封闭感，第三是密度很高。因此，我们依据这些特点采取了如下设计策略：一是"起山"，虽然文化中心处于平地之上，但我们希望用坡屋顶营造出山地的感觉；二是"搭寨"，即把一个功能性很强的建筑分解成一系列建筑体量的组合，与大屋顶穿插起来，形成"山"上搭寨；三是"造田"，主要体现在周围景观的处理上，希望表现出农耕文化的特色。

文化中心建筑功能空间以方体为基本构成元素，根据不同使用特点，灵活组成方楼体量，或实或虚，或高或矮，或大或小，或明或暗，或落地或悬空，组合成丰富多变的内部空间，在其间游走仿佛进入迷人的羌寨。在博物馆设计中，方楼是各个展厅，人们在方楼之间游走参观像是在寨中串门，方楼之间有桥连接，上方有不同的方形光井投下

光影，顶层有通向屋顶的观景平台，可放眼整个新城。在图书馆设计中，中心方楼是一个两层通高的藏书架，内外两层书架之间有坡道环绕通往各层，方楼中间是一个采光中庭，作为图书馆阅读学习的核心空间。在文化馆设计中，观众厅和舞台形成高低相连的两个方楼，此外还有展厅、活动室等较小的体量衬托。

对于建筑材料的考虑，我们原来想直接选用当地山区出产的石板，但由于很多片石垒砌在一起缺乏稳定性，无法满足抗震要求，因此最后选用了再造材料文化石。立面上的一些木构件由于受到造价上的限制和耐久性的问题，采用了由建筑废料重新加工而成的生态木材料，效果也不错。最终，我们用羌寨聚落的空间语言表达出建筑的地方性，同时通过一些转译有形成具有现代感的空间效果。

我们参加的另一个项目是德阳奥林匹克后备人才学校，是由国际奥组委和北京奥组委捐助500万美元建造的。项目位于德阳市青衣江路和天山路交汇处西北角地块，由综合楼、游泳池、综合训练馆、网球场、篮球场、田径和足球场等组成。项目不仅是一所体育运动学校，而且还有面对城市开放的要求。

在设计中我们采用"十字形"的构图，隐含慈善的寓意，同时又可以解决场地设施的布局均衡问题。"十字形"的建筑平面能有效地进行功能分区，并将服务区集中在中部，利于整个运动区的管理。共享中庭的设计希望给人们提供一个可以相互交流，进行心理治疗的主题空间。在共享空间的周围，我们结合德阳工业重镇的城市特色设计了简洁的拱形金属结构的大棚，形成半开敞空间，可以实现自然通风、采光和遮光避雨的效果。可以说，它不是一个封闭的学校，二是一个面向社会的开放性的场所，形成面向城市的体育活动场地，为将来德阳的城市健康发展提供了良好的条件。整个项目中还有一个小品构筑物——看上去像是五环的城市家具，里面有公共厕所、小卖店、休息亭、报刊亭。我们用竹子做立面，屋顶有太阳能集热板，地下设集水箱，把热水集中供给学校淋浴及游泳池使用。

因为用地拆迁的困难，这个项目直到今年9月才开始施工，比较滞后。此外，我们正在参与青海玉树震后重建的工作，将要设计结古镇康巴艺术中心。那里由于施工周期短，建设量很大，重建工作将更加艰难。

对于重建本土文化生态所面临的问题，在此也想和大家共同探讨。第一，是真实地恢复本土文化，还是转向某一种商业性旅游文化？我们

建设了很多民族风情的建筑，这与民俗村、旅游村很相似，在这中间怎样找到一个平衡点？第二，是本土文化的深层表现，还是仅仅满足于装饰符号的堆砌？第三，是传统形式的简单模仿，还是当代建筑文化的创新？

关于这些问题我一直在思考，我们在玉树和西宁开会时遇到当地藏族的一些专家学者，他们提出了一些很好的建议，使得我们对下一步玉树的援建工作有了一些新的思路。比如现在的重建工作基本上是一次性全部建设所有的房屋，当地人没有机会自己进行完善和扩建，我们在考虑是不是有可能把一次性的建设与可持续的生长相结合？经过若干年不断地生长，慢慢形成有机的、自然的城乡风貌。其次，是否可以考虑在重建中把专业化的施工队伍和当地的艺人工匠结合起来？通过整合二者各自的优势，以延续当地建筑的民族特色，保证其不走样。其三是谨慎对待地方文化的发展变化，藏文化很有活力但也很复杂，如果过于粗放，搞不好会出问题。因此，我们要将对文化的尊重和创新有机地结合起来，这就是我们进行创作的一个基本观点。

前不久，中国城市规划设计研究院的同志又去了甘肃的舟曲，我们也将跟进舟曲的重建工作，为灾区建设贡献更多的力量。不可预料的灾害也许会某个时候再次不期而至，我们知不知道重建工作何时结束，可能永远不会结束。但是作为专业人士，积极地根据灾区的需要做出自己的努力是我们长期的任务，也是我们作为建筑师的社会责任！

——原载于《建筑技艺》2010年第12期

点亮城市的建筑

Ativating the core of a city by a building

重庆国泰艺术中心 · CHONGQING GUOTAI ARTS CENTER

设计 Design 2005 · 竣工 Completion 2013

用地面积：9600平方米 · 建筑面积：36170平方米

Site Area: 9,600m^2 · Floor Area: 36,170m^2

合作建筑师：秦 莹、景 泉、李静威、张小雷、杜 滨、邵 楠、马志新

Cooperative Architects: QIN Ying, JING Quan, LI Jingwei, ZHANG Xiaolei, DU Bin,SHAO Nan, MA Zhixin

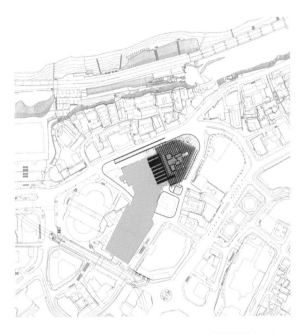

总平面图 site plan

1. 剧院大厅　　　7. 美术馆大厅
2. 观众席　　　　8. 美术馆精品厅
3. 舞台　　　　　9. 屋顶平台
4. 台仓　　　　10. 音乐厅
5. 包厢　　　　11. 多功能厅
6. 化妆间

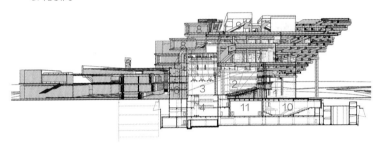

剖透视图 perspective section

国泰艺术中心位于重庆市CBD核心区，作为标志性建筑对其他地块形成统领作用，其形象既统一于解放碑地区现有建筑，又为该地区创造了新的秩序。

建筑造型的构思来源于重庆湖广会馆的多重斗栱构件，利用传统斗栱的空间穿插形式，以现代的手法表达传统内涵。单纯的筒状构件在相互穿插、叠落、悬挑中，产生联系、渗透，因而生成建筑的整体形象。这种从简单累加而成的复杂，与普遍存在于汉代营造"题凑"有所契合。其中的"题"指木头的端头，"凑"指排列的方式。它所使用的黑色与红色也正是汉代所崇尚的颜色。其高高迎举、顺势自然，正是重庆人最本质的精神追求。在建筑东西两侧及中部形成吹拔空间，其中有一些平台、楼梯，形成与城市共享的灰色空间。

Chongqing Guotai Arts Center occupies a pivotal site within the CBD of Chongqing city. Intensively surrounded by tall buildings, it plays a commanding role in the formation of other plots as a landmark. The architectural form derives from a multi-component bracket set. By the stacked, intersected and cantilevered sticks, the building forms its own overall image of infiltration and connection of different textures. The stick system could be recognized as an inheritor of the traditional construction method "Ti-cou". Therefore, such a concise and modern building represents the sense of tradition. A series of semi-open spaces are created with terraces and stairs to be shared with the city gives more leisure space for citizens.

几组巨大石块，或扎根于大地，巍然耸立；或相互叠合，质朴雄壮；抑或悬
浮空中，令人惊叹

Dozens of rocks, standing, stacking and suspending, inspire the urban spirit

山东省广播电视中心 · SHANGDONG BROADCASTING & TELEVISION CENTER

设计 Design 2004 · 竣工 Completion 2008

用地面积：22530平方米 · 建筑面积：105980平方米

Site Area: 22,530m^2 · Floor Area: 105,980m^2

合作建筑师：李 凌、任祖华、谢 悦、武 志、李惠琴、吴 斌、周旭良

Cooperative Architects: LI Ling, REN Zuhua, XIE Yue, WU Zhi, LI Huiqin, WU Bin, ZHOU Xuliang

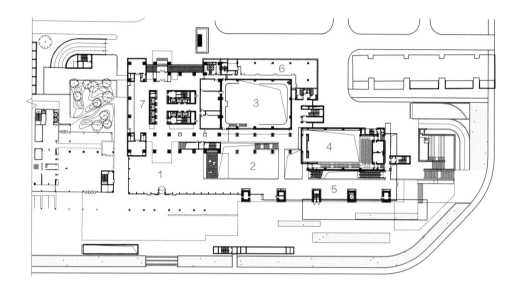

1. 门厅
2. 演员候播厅上空
3. 演播室上空
4. 多功能厅
5. 观众休息厅
6. 办公室
7. 展示休息厅

首层平面图 first floor plan

山东省广播电视中心位于济南由千佛山至趵突泉和大明湖的景观轴线上。广电建筑普遍具有非常复杂的功能工艺要求，而作为原有山东省广电中心的扩建项目，且用地跨越主要干道，设计还需解决与各个建筑互相衔接、统一改建的问题。位于狭长用地上的建筑，通过连串排布的长条实体和玻璃厅虚实相间，空间形态明确而富有震撼力。建筑体量西高东低，在道路交叉口形成夸张的悬挑，使得建筑物无论对于行人，还是周边高层建筑的俯瞰，都保持了恰当的体形。两处建筑通过建筑语言、形态的整体设计，成为文化轴线上重要的节点。以"巨石"作为隐喻的外部形象，体现了山东的地域性和文化底蕴，同时也以巨型简体结构支撑、悬浮和主楼层层叠合的形态，以及这一手法在室内设计中的延续，形成建筑强壮、简洁、富有力度的整体氛围。

The whole complex of Shandong Broadcasting & Television Center is divided into two parts by a street: with a newly built main building and the renovated old building to the west, and media center to the east, the two parts are connected by underground passage. Tele studios were designed as cubes of different sizes, looks like huge rocks overhanging, achieving open and impressive spaces on a narrow site. The local stone slabs on the facade indicate the local character of Shandong, the bronze gate, stone wall and "Preface of the Orchid Pavilion" on the ceiling represent the historical local culture. While the big screen facing the street shows the media feature of the Broadcasting & Television Center.

叠石释义——山东广电设计构思谈

ANNOTATION BY PILING UP ROCKS: ABOUT SBTC DESIGN CONCEPT

崔愷、任祖华

CUI KAI, REN ZUHUA

Abstract

Shandong Broadcasting & Television Center locates on a small site to the north of Jingshi Road, facing Quancheng Park, and adjacent to the original office building of the Broadcasting & Television Bureau, with a complicated program. To satisfy the requirements of openness for city and the requirements of privacy for the television program recording, architects arranged the functional blocks carefully and provide a public space with no separation of outside and inside.

沿着青年东路南北一线，你能见到济南最美的景色，恬静优美的大明湖、蕴含着美丽传说的趵突泉、护城河边的泉城广场，还有那如屏风般的千佛山，可谓泉城的文化轴。而在贯通城市东西的经十路上，你又能见到川流不息的汽车，大道两侧不断生长的城市新区和标志性建筑展示着城市经济的活力，可称为发展轴。山东广电正好位于这两条轴线的交叉点上。整个项目分东西两院，西院为广电中心的业务办公楼，东院为媒体产业大厦。

1 西院

西院的用地是广电大院拆除了两栋职工宿舍楼空出来的。场地的西侧紧邻着原广电局办公大楼和广电宾馆，北侧紧靠职工住宅楼，南面距经十路30m，整个用地东西长187m，南北最窄处只有36m。在这样的现状条件下做一个将近11万平方米的新广电大楼，既要解决北面的日照遮挡，又要考虑南面广场的景观；既要考虑新楼和城市的关系，又要考虑新旧楼之间的协调。带着对这些问题的思考和研究，我们开始了设计。

为避免遮挡东侧住宅的日照，塔楼只能尽量靠西，不过这倒能与西侧

的老广电办公楼和宾馆共同构成一组高层群。南界面与老广电楼取齐，也能空出作入口大厅的位置。裙房沿经十路一字展开，在尺度和位置上与西侧已有建筑取得协调，经十路北侧的城市界面得以连续，新老广电楼与经十路之间也形成了一个东西贯通的条形广场，而最西端的广电宾馆正好成为整个广场的底景。新旧楼被整合到一起，城市空间也变得完整、连贯起来。

建筑与经十路之间连贯的广场，隔路可望景色优美的植物园，这促使我们将建筑的整个南侧都打开，面向城市形成一个开放的室内空间。如何处理城市所需的开放性和演播功能自身的私密性成为主要问题。关键是几个大体量的演播室该如何布置。大致排了一下，如果将它们都放在底层，鉴于用地的限制，原来设想的东西贯通的公众大厅肯定保不住了。怎么办？济南是一座盆地城市，整个城市地形落差很大。这块场地也不例外，北侧比南侧低约4.5m，利用场地高差正好可以形成一个半开放的地下空间，两个最大的演播室的地面被落到这一标高上，在北侧可以直接与室外空间相连通。大堂放在南侧较高的地面，直接面对经十路和植物园。结合两个演播室，演员的设施也安排在了地下一层，从而可以与地面的公众人流实现分流。800m²的演播室与西侧塔楼取齐，共同形成大堂的北界面。600m²的多功能演播室则尽量靠东，以保证大堂的东西延展度。

安排完两个演播室和大堂，场地基本已被占满，两个400m²的演播室只能被抬到3层，由5个一字排开的筒体举在空中，筒体内正好安排楼梯、电梯以及必要的设备管道，演员乘坐设在这里的电能够直接下到地下。由多功能演播室的屋顶而形成的空中平台也在这层，观众进入演播室之前可稍作休息。一个具有城市尺度的公共大厅终于形成。整个大厅有20m高，囊括了几个处于不同标高的大演播室。地下一层演员休息厅上方的楼板被抽空，顺着从地面水池缓缓流下的水，大堂空间被延展到这里，煦暖的阳光穿过玻璃屋顶，洒满整个大厅。大厅的长度几乎与室外的广场等长，玻璃没有任何的横向分隔，竖向的立梃也做成了玻璃肋，广场的地面一直延续到室内，在广场上漫步，你能看到大厅里的一切，几乎分不清是在室内还是在室外。

我们设想整个大堂完全对公众开放。从正门进入，迎面大屏幕上播出各个电视频道节目，清脆的水声吸引你走到近前，或许还能看看演员休息厅坐着哪位明星。你也能走到800m²大演播室的跟前，透过预留

的观察窗了解一下真实的演播过程。

媒体的意义在于对大众的传播，开放的大厅使这种传播更为直接和真实，拉近了媒体与大众之间的距离。或许这正是媒体建筑所应承担的一种责任吧。

2 东院

东院的基地被青年东路和一条同为南北走向的城市泄洪沟夹在中间，场地极为狭长。东西之间宽度不到30m，而南北向却有150m。原来业主希望在这里建设一栋将近200m的高层，但考虑到城市的景观视廊通过这里，我们将建筑的高度控制在了35m。

视觉通廊和场地的形态都提示着这里的建筑应当具有一定指向性。整个建筑沿长向顺势展开，并在东西方向上作进一步拆分，形成几条更加细长的体量，稍加错动产生动势，以强化南北的方向感。场地虽已局促，我们仍然希望能为城市空出更多的绿地和广场。于是沿青年东路一侧的几个体量都被架在空中，巨大的挑空不但在形态上与西院取得一致，也使西院的条形广场一直延伸到这里，城市空间得以连续。

架空的体量在室内形成一个南北贯通的大厅，北侧是开放的媒体展厅，南侧结合地形的高差正好可以设置一个半层高的平台。平台下面的商业店铺也能直接面向道路。大厅的西侧一排整齐的办公室垂直摆在一起，遮挡住了杂乱的住宅对大厅的不利影响。媒体工作室和媒体博物馆被安排在了大厅上方的几个架空的体量里，可灵活划分空间模式。

两个地块在城市空间上虽可延续，但毕竟有青年东路相隔，于是在两个广场各设置了一个下沉庭院，之间再以地下通道相连，市民可以自由的穿越。地下通道也将两个建筑的车库连接起来，为以后可以灵活调配、部分开放给城市使用提供了可能。

3 性格

泰山，以其雄浑壮观的气魄而闻名；山东人，因其豪爽率真的性格而成为北方人的代表。这两点几乎浓缩了山东最鲜明的文化地域特色。还记得有一次去一个采石场看石样，偶然发现场地上堆积着许多尚未加工的石料，巨大的石条被层层叠摞起来，足有几米高，颇有气势。这不正是我们在寻找的感觉吗？可不可以用一组组石体将建筑组织起

来呢？

西院裙房部分除了大堂之外，基本都是演播室，封闭的空间正好形成纯净的体量。它们被整合起来，形成了几组巨大石块，或扎根于大

地，如泰山般巍然耸立；或相互叠合，像采石场上堆积的石料般质朴雄壮；抑或悬浮空中，极具视觉冲击力。石块之间穿插透明的玻璃，玻璃的轻薄使石块的形体感、重量感变得更为突出。

为了增强主楼的挺拔感，整个体量被切分为4个竖向体量——3个实体，1个玻璃体。主楼里大部分是办公，实体也不可能完全不开窗。我们便将每层之间的墙向外推600～900mm，以加强体积感，宛如片石层层叠摞在一起，片石之间留出空隙，作为窗户。因小演播室和机房等空间高度要求不同，自然形成片石厚度的变化。玻璃体比其他体块向前凸出了半跨，利用两种玻璃反射度不同形成山东广电中心英文缩写"SDRTC"，随着观看角度的变化，字母时隐时现，非常微妙。

东院的造型同样延续这一语言，因功能不同而形成玻璃盒子、格栅盒子与石头盒子的穿插组合，造型更为灵活丰富。

整个建筑可以说是一组石头的建筑，山东本身就是石材大省，石材不仅用在建筑的外墙上，还一直延续到大厅的吊顶和室内，使得石块体量更加完整单纯，室内外的界限变得模糊起来，这也在一定程度上加强了建筑的开放性和城市性。

4 文化

经常惊叹于古人的智慧，一个"泰山石敢当"，便将当地的人文历史、文化信仰、自然景观与建筑的材料、构造巧妙地结合在一起。如何将现代建筑与当地文化有机地结合起来，也成为我们尝试探索的一个问题。

铜门 整体建筑厚重的体量，3层楼高的雨篷，都使主入口前面玻璃幕墙上的旋转门尺度显得有些过小。于是我们在玻璃旋转门的外面又增加了一道青铜推拉门，6m的高度使整个铜门具有了城门的尺度，这也与整个建筑所具有的城市性取得了一致。每天清晨，铜门徐徐开启，上班的人流接连进入；夕阳西下，铜门又缓缓关闭，预示一天辛勤工作的结束。这很容易让人联想到晨钟暮鼓的时代。

天书 大堂顶部的带状灯箱，原本是为了隐藏住玻璃顶棚的雨水管道和设备检修通道。灯箱的顶面做成了实体屋面，这样可以减少屋顶玻璃的面积，提高大堂的节能效果。其他四个侧面用磨砂玻璃围合成一个完整的体量，而底面则使用印有书法图案的夹纸玻璃。由于书法的图案与纸的颜色同为白色，差别并不明显。白天，整个灯箱就是一个纯净的乳白色玻璃体，每当夜幕降临，灯光开启，灯箱底面变成了

一卷刚刚展开的宣纸，不透光的书法文字在灯光的反衬下凸显出来，仿佛墨迹未干，一幅书写着王羲之书法的百尺长卷便飘浮在了空中。在现代的媒体工具出现之前，文字一直是文化传播的最主要的载体工具，天书的设计既是向这位伟大的书法家致敬，也是提示一下媒体的历史。

经石峪 每次去泰山看经石峪，都不禁被它的气势和古人的智慧所震撼。山上的溪流，漫过刻着经传的巨大的岩石倾泻而下，让人分不清那是在诉说自然的永恒，还是在颂扬佛经至理的源远流长，亘古不变。连接大堂地面水池和地下水池之间的瀑布，便是截取了经石峪的片断设计而成。石材地面通过"经石峪"，一直延续到地下，整个建筑像从大地上自然生长出来一般，坚实而有力。

5 难题

东西两院各有一个巨大的悬挑体量，分别被一组单排的通体支撑着，四面悬挑，最远出挑距离有16m。结构工程师通过增加斜撑的方法使长向的2片外墙形成一整体结构，利用其整个外墙高度实现了最大距离的悬挑。设备夹层被设计成一空间结构，作为结构转换层，完成对上部结构的支承和短向悬挑，管道与设备在结构的空隙可以照常通行。整个结构体系简单明了，充满智慧。

石材用在外立面是常规做法，技术上很成熟，而用作吊顶可真是要小心，石材又重又脆，一旦破裂容易伤人。设计采用在石材背后附加一层带有纤维网的背胶，经过热压之后与石材成为整体，可以有效地增强石材的延展度，即使破裂也不会掉下来。挂接方式，原来我们建议采用嵌入式背拴，可以很好地与背胶结合，背拴在沟槽里可滑动，也能缓冲一部分地震力，但最终还是采用普遍的SE挂接方式。

地下通道设在地下二层考虑到建筑车库位置，施工要保证青年东路的正常通行，不能明挖，只能采用遁构法。施工工序要求非常精细，先在通道上方打一排水平钢管，形成对上部土体的支撑，然后钻一段隧道，紧跟着做一段混凝土的筒体外壁，慢慢推进，步步为营。整个通道施工过程中，青年东路几乎没受到影响，甚至连路面的塌陷都没有出现过。

——原载于《建筑学报》2010年第6期

追求一种渐进式的，生长式的，混搭式的，修补完善式的改造状态

Improving city quality by an gradual, organic and mixed method

有机更新　　ORGANIC RENEWEL

校园持续式的有机更新的过程
A durative organic renewal of university campus

北京外国语大学校园改造 · REGENERATION OF BEIJING FOREIGN STUDIES UNIVERSITY CAMPUS
设计 Design 2005 · 竣工 Completion 2016
建筑面积：教学办公楼 16650平方米、图书馆新馆 24292平方米、综合体育馆 19202平方米、综合教学楼 60515平方米
Floor Area: Office Building 16,650m^2, Library Renovation 24,292m^2, Gymnasium 19,202m^2, Teaching Building 60,515m^2

合作建筑师：王 祎、商玮玲、张念越、辛 钰、潘 悦、潘观爱、陈 宇、何理建、康红梅
Cooperative Architects: WANG Yi, SHANG Weiling, ZHANG Nianyue, XIN Yu, PAN Yue, PAN Guanai, CHEN Yu, Christian Hennecke, KANG Hongmei

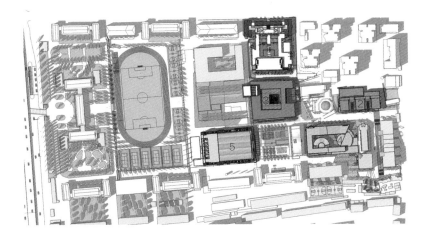

位置图 site location

1.教学办公楼 2007—2009

Office Building

2.逸夫教学楼 1999—2001

Yifu Teaching Building

3.图书馆新馆 2006—2013

New Library

4.中国语言文学学院 2007—2009

Chinese Language and Literature

5.综合体育馆 2005—2008

Complex Gymnasium

北京外国语学院成立于1952年，经过了半个多世纪的不断发展，校园形成了一定的空间格局和风格。但由于用地狭小，又受三环市政道路切分，不能满足校园功能发展的需求。为此，自1995年外研社办公楼改建起始，我们对北外校园持续进行了长达十几年的改造设计工作，先后完成了逸夫教学楼、体育馆、行政楼、国际交流学院、图书馆和新教学大楼的设计项目。不同于一般新校区的快速建造模式，北京外国语大学校园持续式的有机更新的过程值得回味。

综合教学楼位于北京外国语大学的西校区，处于风格统一的外研社办公楼和西校区主校门之间。为了与二者取得呼应，同样以红色面砖作为主要材料，并采用类似的竖向元素和大尺度拱券，突出建筑的可识别性。楼内安排有十余个院系的教学和办公功能。平面布局面向北侧校园广场呈环抱之势，增加了广场的围合感。为适应各院系对房间面积的多样化需求，建筑底部安排礼堂、报告厅、资料室、书店等公共功能，上为各类教室，顶部为教学办公室。

The current layout of Beijing Foreign Studies University, due to the narrow site and the segmentation by the third ring road, cannot meet the developed functional requirement. After the construction of Office of FLTRP, Cui Kai and his colleagues carried a ten-year-last renewal for the campus of BFSU. Unlike the usual rapid construction of new campus of most Chinese universities, it's a durable and organic renovation that concentrates on sustainable principles.

Located in the west campus of BFSU, the comprehensive teaching building continues the red-brick palette of Office Building of FLTRP and the main entrance of the campus. The U-shaped layout that opens to north emphasizes welcome sense of the entrance plaza. To satisfy the different requirements of more than 10 departments, the public functions are arranged in the bottom, while the classrooms are in the middle floors and the teacher offices are on the top.

教学办公楼用地上原学生宿舍楼是20世纪50年代由著名建筑师张镈设计的老校园建筑的一部分。为了维护校园的整体形态，设计部分保留了原宿舍建筑的立面。建筑布局为内院式，北侧为7层的办公主楼，南侧为2层的接待会议部分，东西环廊为校史馆。主楼保留宿舍原有立面及坡屋顶，南侧新建楼体呈现代框架形态与其有所区别。室内设计保留中间走廊、两边房间的形式，将宿舍的小空间调整为适应办公需求的大空间，配楼强调与主楼的关联性，环廊与主楼相连，围合出的内院提炼了传统四合院的意境，创造出优雅娴静的文化环境。

The original dormitory building on the site dates back to 1950s and its facade is preserved to achieve an organic growth. A 7-story slab is added in front of the original building, facing a new quadrangle to the south. And a 2-story building, which defines the south edge of the quadrangle, includes reception and conference functions, as well as the University History Exhibition has its home in the east and west galleries. Attached with grey ceramic tiles, the old brick walls continue their classic style with several recovered pitched roofs.

紧邻体育场的用地狭长而紧凑，使得各项设施不能处于同层。设计通过垂直空间组合，使得各项功能得到适宜布置，尽可能缩了占地面积。综合体育馆、游泳馆入口布置在一层。中途训练馆布置在综合体育馆的西侧，使用上可分可合；健身房和艺术沙龙布置在游泳馆上空南北两侧。体育教研室放在可俯瞰体育场西侧，便于管理。南北两侧2.7m宽的混凝土柱廊弱化了建筑边界，降低了建筑的压迫感。其中的室外楼梯除满足疏散要求外，也增加了建筑内外的交流。结合东侧绿化广场设计的挑台，扩充了体育馆与周边环境的互动。西立面则通过设置遮阳板降低太阳西晒的影响。建筑的立面色彩和语言延续了临近的逸夫教学楼的形态，形成了积极的对话关系。

A proximate site to the sports field arouses the contradiction of limited space and multiple functions. Vertical stacked space composition is used to accommodate every function adequately. Two grand arcades with 4-story height and 2.7m width are adhered on the south and north façades respectively, to obscure the straight edge of the huge massing.

原有图书馆建设于20世纪90年代初，现在已经不能满足图书馆的使用要求。设计中保留老馆的结构，在紧张的用地条件下，通过四周加建和封闭内院，最大限度地增加了面积。新老建筑结合在一起，创造了开放式的藏阅合一的空间，也为学生提供了交流场所。中心庭院加建为退台式共享中庭，结合大楼梯布置了层层书架，宛如一座书山。西侧利用室外庭园空间的挑出结构，安排了会议室、研究室。由于老馆层高低，设计中精心安排设备管线，巧妙地通过照明设计削弱了低矮空间容易形成的压抑感。建筑底层留出架空廊道，保持校园环境原有的通达性，并在首层安排了书吧等休闲场所。建筑立面的清水混凝土与黄色全屏隔板相组合，隐喻书架的意象，最具特色的是用GRC预制的文字墙，多达50种文字拼写"图书馆"，构成了丰富的视觉标志，表现出北外的文化特色。

Within a limit site, the design preserves the original structure, and increases floor area by making extension to the surrounding places, that creates an open space for book collection and reading. The courtyard is devised to be a stepped back atrium, which is flanked by two open reading areas.

营造开放的校园环境

The catalyst for an open campus environment

南京艺术学院校园改造

REGENERATION OF NANJING UNIVERSITY OF THE ARTS

设计 Design 2007 · 竣工 Completion 2012

建筑面积：设计学院及南校门广场 14909平方米、图书馆 9956平方米、美术馆 12715平方米、演艺大楼 43062平方米、学生宿舍 9424平方米

Floor Area: Design College and Gate Plaza 14,909m², Library 9,956m², Art Gallery 12,715m², Performance Building 43,062m², Dormitories 9,424m²

合作建筑师：张 男、刘 新、买有群、时 红、赵晓刚、王可尧、张 凌、何理建、董元铮、

　　　　　　从俊伟、叶水清、王松柏、高 凡、张 燕、张 辉、哈 成、熊明倩、张汝冰

Cooperative Architects: ZHANG Nan, LIU Xin, SHI Hong, ZHAO Xiaogang, WANG Keyao, ZHANG Ling, Christian Hennecke,

　　　　　　DONG Yuanzheng, CONG Junwei, YE Shuiqing, WANG Songbai, GAO Fan, ZHANG Yan, ZHANG Hui

　　　　　　HA Cheng, XIONG Mingqian, ZHANG Rubing

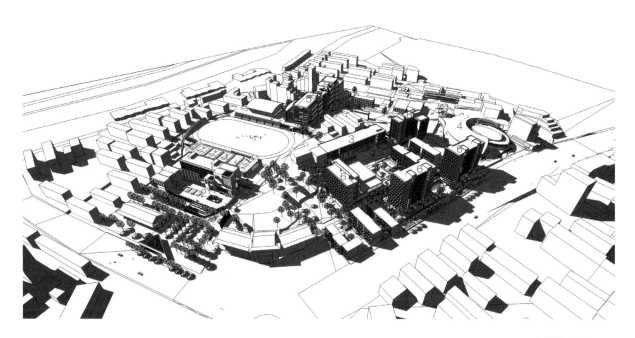

位置图 site location

1. 南校门 2007—2009
South Gate

2. 设计学院 2007—2009
Design College

3. 图书馆 2008—2010
Library

4. 美术馆 2008—2012
Arts Gallery

5. 演艺大楼 2008—2012
Performance Building

6. 学生宿舍 2008—2012
Dormitories

对原工程学院主楼的改造，意在营造适合设计专业的教学空间，同时利用地形解决南校门的交通、停车问题。三角形的校门应对城市道路和校园建筑之间的夹角，产生朝向北侧山体的空间引导性，与复建的原上海美专校门遥相呼应。传达室精巧的彩色艺术玻璃为校方设计制作。

正对校门的大台阶将位于不同标高的校门广场和设计学院广场连成一体，串联整个步行区。设计将两栋原主楼、配楼建筑连通，分别容纳教室及展厅。主楼东南角加建六层高的教学房间，各房间根据尺度不同可用于展览、教学、会议、制作、休息等用途，成为一座具有提示作用的艺术墙面。

A triangular porch indicates the angle of the city road and the spatial axis for a restored school gate, which has a history ascending back to 80 years ago. The original teaching buildings need to be remodeled as a place which could enhance imaginative atmosphere.

Two of the old buildings are connected to house classrooms and exhibition halls. Adding several vertical stacked classrooms on the southeast corner, it change the building into a cluster of containers, which can be employed for exhibition, teaching, meeting, manufacturing and resting.

在老校区内进行更新改造，设计的原则是"见缝插针，左右逢源"。图书馆新馆需要贴临老图书馆接建，身处现状食堂与教学楼之间的狭长地带，又恰好位于山坡的边缘，地势高差超过10m。设计将整个建筑上部抬起，下部沉入坡地，中间架空两层，仅有门厅与上部几层与老馆联通，并在尺度上与老馆取得一致。大跨度柱廊下的层层台阶和坡道，形成一条丰富而有趣味的通道，便于生活区和教学区之间的步行往来，持续强化了校园位于坡地的特点。新馆立面满铺竖向遮阳百叶，不仅使建筑体量显得更为轻巧，使阅览室内的光线更加柔和，更

对形成校园的这一处公共空间的完整性，主导建筑群落之间简约利落的整体风格起到了关键作用。

The new part of the library is closely connected to the old part. The upper section of the upper part is elevated, while the lower section drops into terraces to satisfy the 10-height difference. Stairs and ramps under the colonnade link the living area and the teaching area, mirroring the topographical features of the campus.

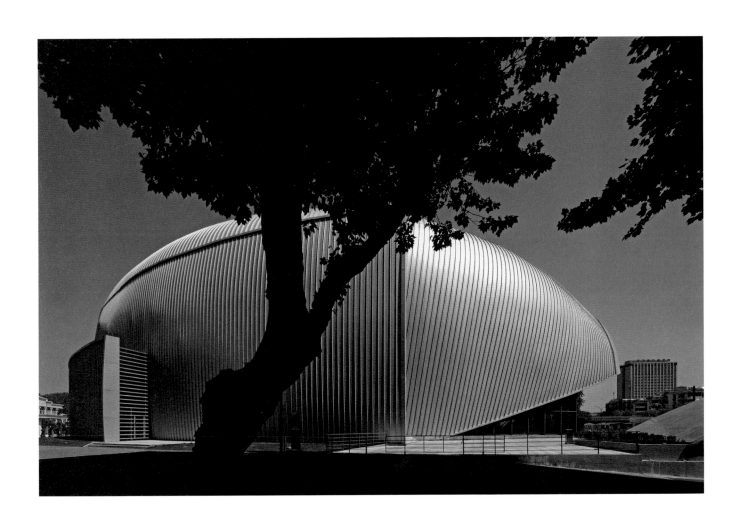

南京艺术学院美术馆的建设基地紧邻原有的音乐厅。为了化解紧张用地内增加新建筑的矛盾，同时对音乐厅不完整的形式进行修复，设计柔化了美术馆的形体，以向心的弧形体量与椭圆形音乐厅扣合在一起，形成紧密的"共生体"。美术馆的机房部分被埋入地下，释放其屋面形成一个面向街道的艺术广场，为城市提供了具有凝聚力的公共空间。除了面向城市的东侧主入口，面向校园的西侧设有供师生使用的次入口，北侧则为独立的办公区。美术馆的主要展览区通过坡道连接，参观者可以在观展过程中体验不同空间的转换。疏散楼梯、通风管道等辅助性功能集中在中央的混凝土核心里，确保获得无柱的展厅。向心的弧线形体对音乐厅形成半围合之势，完整、流畅，富于视觉冲击力，有助于强化识别性，确立这一公共建筑作为城市地标的特质。在经过整体规划、改造从而实现建筑与外部空间有机复合的校园空间内，这一点睛之笔起到活跃整体空间的作用，其浑然朴拙的形象也成为校园街道和广场所见精彩的视觉底景，表现出美术馆独特的艺术感染力。

Encircling the already built concert hall, the gallery is actually designed as a complement for the former one. It not only indicates the centripetal arc-shape is a perfect counterpart of the oval pavilion, but also emphasizes that the roof of the gallery's underground equipment rooms between them, becomes an attractive urban space and joints the two buildings cohesively.

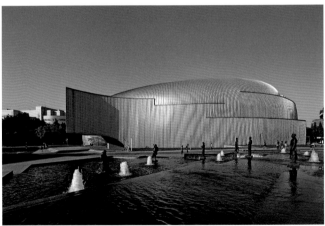

演艺大楼位于校园一处狭长的南北向用地上，地势高差约12m，周边房屋密集。其形态来自设计应对环境的策略，与现状建筑在尺度和空间上寻找关系并实现了协调。在满足功能和面积需求的前提下，设计尽量限制地面以上的建筑体量。结合地势将不同功能的入口设于不同楼层上，所形成的入口广场同时承担了衔接地势，加强南北校区联系的功能。

供四个学院使用的排练厅、演奏厅、观演厅和琴房对高度、面积的要求各不相同，要在有限的体量内塞进数量和种类繁多的房间，经过错综复杂的排列组合，以平面上6m、11.2m和8.4m的三联柱跨，配合2.6m、3.9m、4.2m、7.8（3.9×2）m和8.4（4.2×2）m五种层高的复杂搭配，得到了从4m²到400m²不等的近600间琴房和上百个无柱的排练、表演和教学房间。

为避免过长的建筑体量成为东西向视野的阻挡，建筑中部断开并加以削减，在三层入口形成景观视线通廊。横向坡道形成环廊，解决了高差问题，并连通各层内廊，提高了走廊使用率。所有练琴房均有自然采光，不需要自然光的大空间排演厅等则设于平面中部及地下。

建筑立面是对内部空间的真实反映。东西向外廊采用成排通透的百页阵列；面宽不一的外挂琴房使得立面开窗和空调室外机格栅产生跳跃的节奏感。格栅、开敞平台与半敞开外廊等形成了既有规律又充满变化的组合，并与剧场区大面积的清水混凝土墙面形成对比。

As an insertion to such a dense built area, the performance building is considered to be a coordinator for the existing buildings and a connection for two originally separated campuses. The 12m height difference of the narrow site is exploited for disposing entries of different functions on different levels so that to shape a few entrance squares for the building itself and its neighbors. After a painstaking arrangement process, more than 600 music rooms, a lot of rehearse halls and an auditorium is filled into the limited volume. Ramps, stairs and platforms form an outside loop system to accommodate the complicated height difference.

为满足学生宿舍的需求量，在狭小用地内新建的四栋宿舍楼均为板式高层，它们共同围合出内聚性的空间，并通过保留原有大树，底层架空，减少对环境的压迫感。架空层内设有茶吧、洗衣房、管理室、小超市等服务功能，地下为半开敞的自行车库。通透的廊道围合出庭院，也成为通往校园公共空间立体步行系统的一部分。宿舍外错落的公共平台创造了更多交往的机会，外阳台和两间共用一套的卫生间则确保了学生的生活质量。

To accommodate a large number of students, four students' dormitories are inserted into a narrow slope. They enclose the quadrangle, providing place for tea bar, laundry room, management office and small supermarket on their semi-opened bottom floor. The twisting colonnade between them also becomes a part of the whole pedestrian system of the campus.

南艺的"难""易"　THE DIFFICULTY AND CONVENIENCE IN THE RENOVATION OF NUA

Abstract

The campus renovation of Nanjing University of the Arts is an introspection example for the new campus construction trend in China in recent decades. In some sense, the limitation of scale, the original intensive buildings and the steep topography gave architects a kind of convenience to focus on integrating the context of campus, respecting the behavior of users and arranging the grey spaces organically.

每个在大学校园度过几年寒窗的人,都会对自己的大学怀有深深的眷恋和难忘的记忆,这种伴随着青春年华的校园记忆如此美丽而深厚,不仅会有那火热的学习生活,也会寄情于那些熟悉的甚至破旧的校园建筑,还有青青的草坪和幽幽的林荫路,仔细想来,人们对个人校园生活的时光追忆是通过对校园环境中留下的时光痕迹的辨识而得以加深,也许这就是所谓校园文化的基因所在吧。

自21世纪初掀起的新校区建设浪潮已经过了十几年,一大批经过精心设计的校园经过三年五载从无到有早已矗立起来。宽敞的园区、靓丽的景观、气派的建筑、几乎成为全国新校区的共同特征,但置身其中却多少有一种浮夸和无根的感觉,想想这也就是因为缺少时间的沉淀吧。当然作为设计者对此也束手无策,因为时间是没法设计出来的,只能等新校区渐渐变老,让如今在这里学习的年轻人几十年后,在变老的校园中找到自己青春的回忆。换句话说,一个新校园要沉淀出文化没有时间是不行的,而要想使学校的文化传承下去,不因建新校拆旧校而中断,在老校园的基础上更新、扩展应是最合理的方式。七年前南京艺术学院就迎来了这样一个机会。

2006年南艺校区南面的南京工程学院整体迁至城外的新校区,时任校长冯健亲及时抓住机遇补位,把工程学院老校区并入南艺,这便使南艺有了在原址改扩建校区的绝好机会,既可以成倍地扩大校园空间,又可以保持南艺老校园留下的那些珍贵的历史痕迹,那一分埋在许多校友心底里的"乡愁"。

而更感到幸运的是我们这些一直对国内新校区建设充满疑虑的建筑师们,终于有了一次在老校园基础上重新规划、重新改造、重新发展的难得的机会,更别说这是个艺术院校,更别说碰到了这些好领导、好甲方了!所以当我们接受了邀请第一次踏入南艺的大门,历时近七年的艰难而愉快的合作就开始了,回想起来,大约也可借"南艺"之音,用"难"和"易"两字来概括吧。

南艺之"难"

南艺老校园之小实在不像个大学,校园内一条东西向的道路串接起两个校门,教学设施分置两侧,宿舍区在北、附中在西、音乐厅在东,一个小操场只有中学的水平。也许对以前的精英式教育还勉强可以,但随着这些年学校规模爆发式扩招,校园之挤、设施之缺便显得十分突出。实际上即便兼并了工程学院用地加起来也不过327亩,所以校园空间局促应为一难。

南艺将工程学院并入,虽然空间扩展了,但旧校舍比较简易破旧,也不符合艺术教学的要求,所以接收过来要进行鉴别,区别对待,有的要保、有的要改、有的要拆、有的要建、加之房前、路边、坡上、坎下还有许多大树应该保留,现场情况比较复杂,调研工作量大,设计限制条件多,可谓二难。

南艺、南工两校虽然毗邻多年,但似乎"老死不相往来"。各自道路自成系统,相互不通;一座郁郁葱葱的小山岗横在两校之间,不是共享,而是隔离;建筑的功能布局更是各自完善,不可能相互照应。因此让两个这样的"貌合神离"的校园充分融合到一起,便是三难。

老校园更新自然不能关了校门大拆大干,课还要教,艺还要练,生活还要有保障。所以不仅要见缝插针,还要学会打时间差,巧妙安排设计和施工时序。急用先做,完一处,用一处,再动下一处,这需要精心筹划,紧密衔接,可谓是四难。

作为北京的建筑师,较少在南京古都动土,对当地规划及各级主管部门的要求也不太熟悉。另外为艺术院校做设计,从校长到各学院部门的领导多是艺术家,对于建筑这种大众艺术,艺术家们一定有自己的看法和喜好，而且会更感性，与我这种一贯从功能和环境出发做设计的比较理性的建筑师来对话，不知是否能找到共同的语言，更不知是否容易达成共识了。因此实话说开始时心里的确有不小的压力，可算是五难。

南艺之"易"

南艺校园中最重要的景观就是那道横卧在校园中间的小山岗了，它实际上是沿着外秦淮河的一条蜿蜒起伏的丘陵地的一部分，明代的古城墙的遗址还嵌在校园西墙的一段陡坎上，虽然数十年来的建设让这道浅丘被切割、覆盖，若隐若现，但在校园改建中这无疑是最主要的一条"龙脉"，有了它，规划设计就有了依托，有了底蕴了。此可谓一"易"。

南艺和南工校园的分置格局虽然造成整合的难度，但以新的观点来看也带来些好处，比如教学区和宿舍区相互穿插，食堂和图书馆为邻，操场与学院相靠，不仅大大缩短了学生步行的距离，也让校园空间复合利用，校园生活无缝斜街，利于校园活动空间的营造。此可为二"易"。

南艺校园空间小、建筑多、树木多，难以做大文章，但也因为如此使得限制条件清楚，解决策略明确，更容易找到方向，达成共识，不乱琢磨，不瞎折腾，从小处着手，向深度挖潜。此可为三"易"。

南艺九任领导不是艺术家，便是学者，他们给予我本人和团队的充分尊重和信任是设计工作得以顺利而愉快进行的根本原因。在讨论方案和系列的设计决策中，他们很善于理性思维，以务实的态度探讨问题，使得我们相互之间的沟通一直比较容"易"。

回想这几年的校园改造历程，不能不说崔雄副校长所主持的基建班子是十分认真负责的，有很强的协调和推动能力，没有他们几年来不停顿的努力工作，要想赶在百年校庆之前完工几乎是不可能的。所以有他们在，各方面复杂的事情才会及时得到解决。此当为五"易"。

还应该欣慰的是我们设计团队中来自总院各单位和华森南京公司的诸位同仁，面对这么长时间的边调研、边规划、边设计、边配合施工的多头并进式的工作状态，大家都能始终保持那种热情，和职业精神，不知加了多少班，不知跑了多少趟现场，有了这支队伍，再难的事儿也终会变得容"易"。

南艺的"难"和"易"是个长长的故事，前后经历了近七年时光，绝不是几千字、一本书能说得完、记得清的。但我相信它们终会也融入到校园的空间里，沉淀在这片艺术的沃土中。我们很高兴很荣幸在南艺百年老校的历史中有我们留下的一些痕迹，它的价值也会伴随着南艺的发展不断提升。

——原载于《阔约深美——南京艺术学院校园规划与建筑》

校园改造前后对比（左为2006.4.7，右为2013.4.14） comparison of the origind and current conditions   图片来源：google earth

从一个旧楼的改造研究转向对一段城市界面的织补整合
From a reconstruction of old building to an integration of urban interface

神华集团办公楼改扩建 · RECONSTRUCTION OF CSEC OFFICE BUILDING
设计 Design 2006 · 竣工 Completion 2010

用地面积：6550平方米 · 建筑面积：53133平方米
Site Area: 6,550m^2 · Floor Area: 53,133m^2

合作建筑师：柴培根、张 东、杨 凌、李 楠
Cooperative Architects: CHAI Peigen, ZHANG Dong, YANG Ling, LI Nan

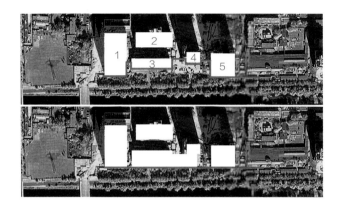

1. 汉华国际
2. 中景濠庭
3. 仪器仪表大厦
4. 神华集团
5. 写字楼

分析图 analysis diagram

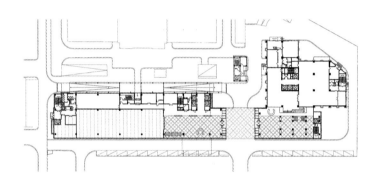

首层平面图 first floor plan

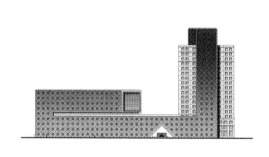

立面图 elevation

与其说是旧建筑的改扩建，这个项目更接近于一次完整并改善城市空间的尝试。毗邻北二环路一块因拆除建筑而得到的空地，为其东侧原本形象单调的神华办公楼提供了改扩建的契机。现有基地内在高度和长度上都受到的限制，不易形成完整界面，扩建设计决定突破原有基地限制，使形体沿道路延展，在某种程度上也是对原本处于二环路位置的老北京城墙作为城市界面的回应。一条在空间中扭转、延伸、悬挑的带状体量因此将现有的办公楼与新的部分直接联系起来。原本松散凌乱的城市界面因而得到整合，悬挑的部分则为突出的视觉焦点。旋转45°的框架玻璃网格作为主要围护体系，具有时代感，也区别于常见的写字楼风格，成为新旧办公楼统一的联系，也塑造了神华公司

醒目的外观形象，网格在建筑中段局部打开，提供了新老办公楼的公共入口空间。

Office Building of CSEC is located at the north side of 2nd ring, very close to the central axis of Beijing. After careful analysis of the site condition and the functional requirements, we suggested that the adjacent high building should also be included into the renewal scheme. Thus, the working spaces can be improved and largely expanded while the various disaccorded buildings are integrated into a unified and meaningful urban interface.

面向现实生活，体现时代精神

Engaging with contemporary life to embody and express Zeitgeist

城市生活　CITY LIFE

艺术生活的空间解读
Immersing into the artistic space

中间建筑B区、A、F区 · B, A, F PLOTS OF THE INSIDE-OUT
设计 Design 2007 · 竣工 Completion 2013

用地面积：B区12880平方米、A／F区28243平方米 · 建筑面积：B区24225平方米、A／F区36579平方米
Site Area: B Plot 12,880m^2　A,F Plot 28,243m^2 · Floor Area: B Plot 24,225m^2　A,F Plot 36,579m^2

合作建筑师：时 红、喻 弢、关 飞、邓 烨
Cooperative Architects: SHI Hong, XU Tao, GUAN Fei, DENG Ye

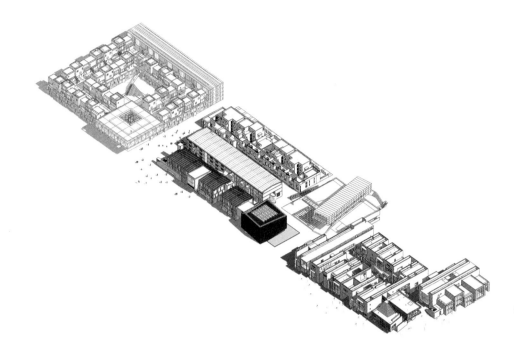

轴测图 axonometric drawing

中间建筑位于北京环境优美的西山文化风景区。特有的文化底蕴和优越的环境资源，使开发商将建筑群定位为以文化产业为先导的艺术聚集区，并逐渐成为集居住、工作和艺术活动于一体的大型复合社区。B区的设计旨在营造一处艺术聚落，容纳艺术创作和生活的建筑单体相互毗邻，形成街道与大院空间；底层是对大众开放的"艺术圈子"；二层屋面上则是属于艺术家自己的内街"生活圈子"。在建筑的西北角，艺术展示厅被提升到10m，让出一个模糊了内外界限的空间，打破封闭的"圈子"，成为群落的主入口。

A、F区为整个项目的最后一期建设，占据了社区面向城市主要道路的界面长度300m。设计没有选择常规的综合体模式来解决多种功能需求，而是将功能单纯"形体化"，变成一个个具有独特外观识别性的房子，在沿街面上展开，错落的建筑之间形成了相互渗透和互动的城市空间。A区为艺术街区，保留的厂房被改造为实验剧场，与厂房平行放置的艺术工作区则被有意表现为厂房剖面的复制，隐含了对旧日厂区的追忆。F区为商业街区，以"分户墙体"作为空间主导元素，墙体内集中交通和辅助功能，墙体之间交错布置商业空间和平台、院落。

The Inside-Out, an art zone for individual and small innovation organization, occupies a site in the scenery area of West Mountain and is divided for several phases according for developing convenience. As a compact village, the community accommodates diverse functions, such as residence, workshop, arts gallery, theatre, commercial street and business park.

The B Lot, Artist Colony, is an art village containing artists' creation and living activities. On the ground level is the open "art circle" for public, while the second level is an inner street – "living circle" for artists' themselves. On the northwest corner, a huge glass box, the exhibition hall for artists, is elevated to 10m, interrupt the enclosure of the "circle".

The A/F Lots were designed to complement the whole Inside-Out community, which is a compact village that accommodates diverse functions, such as residence, workshop and arts facilities. Instead of merging all the functions into a common "urban complex", its master plan visualizes the functions within individual and distinctive modules.

中间建筑B区　　ARTIST COLONY OF THE INSIDE-OUT

崔愷、喻弢、时红　　CUI KAI, YU TAO, SHI HONG

Abstract

When the architects was asked to deposit more than 60 suits of artist studios in a small site, with a height limitation of 18m, the only thing they can image is one word – stacking. What interesting, is that exactly describes the situation of Chinese artist's real life – artists are always gregarious animals. Through the elaborate planning process, street and courtyard are encircle by a mass of modules, the assembly of individuals. The concept – "floating container" is employed to represent the interaction of working and living in the same studio unit.

源起

这个项目初始的名字叫"西山艺术家工坊"。它地处京城西郊四环路与五环路之间的一片风景开阔的场地上，与香山、颐和园遥遥相望。之所以在寸土寸金的京城外围还能有这般开阔的地方，全是因为近在咫尺的西郊机场的空域限高，使得一片片开发的建筑低矮地蛰伏在林木之间，让人们从京城里的大道上仍然能望见西山的美景。

工坊实际是一片开发小区的一部分，小区的原址是四季青乡锅炉厂的除尘器分厂。按照规划，这里将是西山产业园，一期的项目已经完工，一座老厂房被保留下来，改造成售楼处和展厅。本项目作为二期的B区，位于小区的东北角，沿杏石口路布局。按照业主的开发策划，这个项目将定向为艺术和设计的专业人士提供创作的空间，意图在西山地区打造一个具有活力的创意社区。

优美的自然环境，富于活力的创意空间，略有遗存的工业背景，尤其是和开发商黄总聊得愉快，他以往和建筑师合作的经历以及对建筑文化的兴趣让我很受鼓舞，加之清华美院苏丹、李牧老师的积极推动，所有这些让我们对这个项目充满了期望！

高兴归高兴，这事并不好干。约90m见方的用地上要安排60多个创作单元绝非易事，尤其想到艺术家们那种松散的、个性张扬的生活状态，想到艺术创作空间对高度和尺寸的特定需求，就知道按一般平面布局难以解决。

构思

在出差的飞机上，我脑子里转悠着这些信息，随手抽出一个清洁袋，简单地算计着空间的尺寸，发现比较直接有效的办法就是高度集成化。在地面一层集中布置工作室，间间相靠，各自独立，连接成环，按每间面宽7~8m算，大约可以排下60个单元。再将其配套的休息空间置于其上，内有楼梯连通，呈复式布局。空间下大上小，突出创作的性质，避免让其成为居家场所，符合开发的定位。房子下高上低，6m高的工作室加上3m高的休息间，符合使用要求。外墙下层封闭，利于静心创作；上层开敞，休息时有景可观。又因为下大上小的平面差异，上部建筑之间留出了空档，形成了2层平台上的环形小街，正合了艺术界交流历来有"圈子"之称的状态。

大的构思出来了，题有了解，心中也有了底。出差回来与大家讨论方案，很快达成了共识，就在这个基础上发展。

比如对2层以上的建筑形态，我们希望散一点儿，平面上的错动加上层数上的变化，使之成为一种有机的聚落，在尺度上和空间感上与下面方正的大盒子形成对比。

比如在朝向小区内部的南向，布置了一些4.5m层高的平面创作单元，在后期的深化中又对垂直组合单元进行了水平向的切分重组，形成了更加多样化的销售单元。

比如在西北面打开一角，用4组钢柱撑起一方盒子，形成了2层高的灰空间，突出了工坊的主入口，在这里半室外的楼梯、电梯连接2层平台和3层展厅，亦可登上屋面把四周的美景收入眼底。

比如在地下空间，除了为每个工作室配了车位，更留出一间小库房，内有楼梯，形成从地下车库入户的捷径。

比如把所有管线集中到一字型设备墙中，墙上挂灶具便可做饭，挂洁具即成卫生间，高效、省地儿。

交流

方案的汇报得到了黄总的赞赏。理性的解题方式全面响应了策划案的要求，也得到了符合逻辑的建筑形态，大家一拍即合，似乎马上可以定案。但其后与艺术家的沟通会反响却不热烈，有人说好，也有些怀疑。说创作的，觉得空间太工整不够灵活；说起居的，觉得空间太小不舒服；说理想的，最好是独家有个大院子，像宋庄那样；说现实的，担心年龄大了，上下爬楼不方便；还有担心美术馆养不住、办不好。

记得最后召集人李牧老师说，建筑师认为合理就做，艺术家们也不会有个统一的标准答案，不必也不可能让所有的人都满意。下来想想艺术家们其实也都是，各画各的，不用过多考虑别人的感受，只关注个人观念的表达。其实最重要的是黄总信心不动摇，以总量不大的特色产品吸纳特定的客户群，重在质而不是量，这让我们设计者坚定了信心。

深化

接下来的深化设计逐步开展，首先是形态和空间的整合。这是一个非常集成化的建筑，90多间工作室，比开始增加了20多套，布局也十分多样，而因为创作工作的性质不同，不同工作室的空间(主要是高度)要求也大小不一。

我们的解决方法是尽可能地将它们模块化。整个平面是以7m×7m的柱网形成一个大的正方形，在立面形态上分为明显的两段式：一层是以7m×14m×5.4m为基本工作室模块，把走道这样的公共空间彻底"外化"，外部朝向城市，内部朝向公共庭院，从而在地面层形成了所有工作室均可对大众开放的"艺术圈子"；基本工作室模块的规则排列形成了一个大的坚实底座；在这个1层高的"大平台"上，再布置7m×7m×2.9m和7m×7m×4.3m的基本生活空间(也可作工作室)模块，通过模块本身的层高、退台变化以及模块间的组合，形成丰富多变的白色体量的聚落。整个聚落看似变化丰富，其实是由多次推敲优化整理成的4组基本模块组合而成。形态的整合使得建筑的形态达到了变化而有序的效果，进一步强调这两类模块差异性的想法，产生了我们对建筑材料的初步构想，1层工作室外墙采用钢板幕墙，包括外门、外窗全部封闭，形成厚重的实体，既想表现艺术空间的"酷"味，又多少提示一点儿原址上的工业记忆。2层以上采用白色

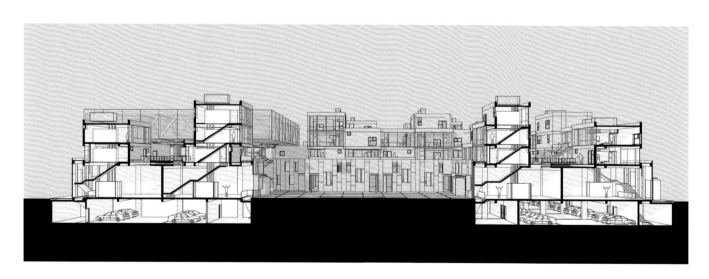

B区剖透视 perspective section

涂料，窗口配上木色铝百叶推拉门，干净、轻巧、细腻，营造宜居的氛围。上下两层不同表情的聚落，暗合了艺术家在创作与生活中的不同状态以及它们之间若即若离的相互关系。

在进一步设计工作中，这种模块化的设计方法也深入到建筑的每一处细节中：幕墙划分、门窗洞口以及整个内部空间设计中。拿白色盒子上的开窗来说，逐一处理这100多个白盒子的开窗无疑是不可行的工作方法，而用模块化的思路问题就变得简单了。我们首先界定每个白盒子朝向内外的两个立面：一面开落地大窗，很开敞；另一面则比较封闭，只局部开窗洞。更进一步，通过赋予4种类型的模块在这两个方向上或开敞或封闭的立面类型，组合起来整个建筑的立面开窗也就自然生成了。这样的组合效果，在达到变化的同时，也不会让人有眼花的感觉，变化中隐含着规律。整个建筑中模块化和模数制的引入无处不在，这种方法不仅为后来的施工图设计和工地施工创造了非常好的条件，也让我们在设计过程中对每一个细部的把握都能有非常肯定的选择，不会出现模棱两可的时候。

主入口的设计是这个项目的另一个重点。我们想让它成为一个能让人留下印象的地方。在这里，建筑在三维的方向上都作了一个有趣的"反转"。首先，从玻璃盒子的大小上我们选择的是35m×35m的矩形体量，这恰好是1层工作室的方形平台中间的"负空"——中心庭院的平面尺寸，而这个实体的高度恰好在被打开的方形平台的实体之上。做这种体量的反转，我们想强调的是建筑的漂浮感，是玻璃盒子下面的空间，从而进一步表达开放性，引入城市，引入大众。要创造"漂浮感"，大家的第一反应就是做多方向上的长距离悬挑。结构和空间一体化的设计思路，使我们最后达成了这一构想：玻璃盒子里的空间即是结构，整层的钢桁架搁在居于盒子平面中心四周的4组支撑柱上，各个方向上的悬挑荷载相当而相互抵消，合理有效的结构布置使得最有效的利用空间高度的同时，外部的视觉效果最大程度的戏剧化。包住钢桁架的玻璃盒子里即是开放给公众的艺术空间。这个空间在展示艺术的同时也用这种的工业化的符号给予人们对往昔的记忆。

实施

设计有了具体的深化后，更多的细节被提到日常工作中来，我们琢磨着既然为艺术家做设计，就应该做一些有意思的地方出来。这些地方，有些是设计中想到的，有些也是在工地配合时的即兴想法，甲方很尊重设计，到最后都一一变成了现实，让我们每每提及的时候，都

会把这种实现后的喜悦重温一遍。

比如钢板幕墙，在有了大的概念后，我们在深化过程中比选了多种方案，最后选择了青黑色喷涂的十字压花钢板，幕墙的划分则采取切合模数的竖向通缝，随着单元模块的变化而变化。板间作U形折边的开缝凹口，强调钢板的厚重。原设计很理想化，是构想将幕墙上的门、窗、雨篷看作幕墙上随机出现的可开启扇，开启以后里面出现门窗，整个幕墙完整度很高，但在实际操作中这个构想却遇到了困难。首先是窗的设计，这样的概念要求在窗口增加可开启的护窗钢板来达到，但是甲方提出护窗板会阻挡自然光进入，启闭和固定也都是难题，最终这个想法未能实现。钢板大门的确定也有曲折，由于是各个工作室空间的入口，我们想做得特别些：原设计是3000mm×1750mm的单扇偏轴中旋的大门，后来因为中旋方案无法解决密闭问题被放弃。转而跟厂家一起设计了一个侧合页的方案，大门样板做好了，现场安装完毕挺好，可时值北京冬天，一夜大风，结果第二天大门掉了下来，合页强度不够。最后改成今天的样子，双扇门，密闭性和开启扇过大的问题也算都解决了，可能理想和现实总要存在那么一点差距吧。倒是幕墙上的钢板雨篷最后实现了想要的效果：甲方提出的入口照明和门牌号放置要求被集合到每个工作室的入口雨篷上面：钢板幕墙上的雨篷上直接镂空代表门牌号的数字号码，镂空处露出后面的有机玻璃，里面设置灯光，使号码在夜晚能够随灯光投射到每一个入口的地面上，两个问题同时解决。

后来这一方法也扩展到白色墙面上的雨篷处理：透明玻璃的雨篷在根部的截面内设LED灯光照射整面玻璃，数字号码变成玻璃上的磨砂处理区域而亮起出来。现在看起来，很有工业设计的美感和实用性。

再比如对入口空间，我们做了很多细节的设计和选材，首先是方盒子的玻璃选定很有意思。所有的玻璃样品找一个大晴天运到现场，甲方、设计、施工单位，大家一起站在工地上商议，每个人的形象和蓝天绿树一起都反射在玻璃上，哪一块的影像最真实一拍即合。镜面反射的效果是我们在施工前早已想好的，四面反射蓝天云影，吊顶则将入口空间映像其中，拉伸了垂直维度。吊顶采用了点驳式结构，特别设计了正方形的悬吊爪件，高反射的镜面玻璃，结合立面上选用的高反射玻璃，使得这个主入口上方的艺术馆成为一个各面镜面的反射体，反射自然和城市的景物，反射路人和他们的活动，刻画场所的戏剧性，成为整个建筑的亮点。玻璃吊顶的下方其实布置了很多室外管线，这个也没关系，我们结合结构的一层梁架设计了管线夹层，下方

设置双层钢网覆盖，钢网也同时作为2层室外廊道的吊顶，多一个层次，还能回避暴露玻璃吊顶和钢柱交接节点的麻烦。

头顶上处理好了，接下来是地面。原来的设计是石材地面，后来也设想过类似钢板的材料，而大尺寸的预制混凝土架空地面则是最后快施工的时候才想到的。预制混凝土板由于是在工厂完成加工和养护，质量和外观都优于现场制作。单块板最大边长达到3.5m。分隔使用模数制，同样达到了每个交接点都整齐对位。尽管如此，由于门厅里的构件繁多，钢柱、水池、楼梯、电梯都在这儿，异型板也少不了。厂家后来开玩笑说这个工程赔了，预制应该能够大量生产，这次全是定制！但最后的效果挺不错，平整、光洁、超尺度的感受很符合这个场所的需要。设计敲定下来，甲方说还需要一道围挡，于是找来双层钢板竖在地面上，要求事先取好的建筑英文名，设计成阵列的圆孔打在外层上，底下灯光一打，完工。

主入口的室外中庭里还有个大家伙，就是兼作客货梯的室外电梯，设计时已确定为独立钢结构、玻璃井道，配合的时候跟厂家花了好多功夫把水平钢梁间距都调匀了。一开始设计成外包点式幕墙，现场一感受，不对气氛。最后定下来把玻璃直接嵌在结构梁之间，省去单独的支撑体系，节点简单，工业性格还特别充分，与周围的钢结构非常协调，而且最大限度地减小了井道的尺寸。最后落成再看，主入口的这许多构件，凑在一起，工业化的感觉很强，效果还是不错的。

最后是中心庭院的设计。方正的庭院里，中心自然是焦点，我们从一开始就把这里作为艺术活动的另一个展示空间看待，设想从这里有一个通向2层内街的通路，人走在这样的通路上本身就是舞台上的演员，他的行为本身就是展示的过程。立意很清晰，可具体的形式却是通过数轮方案推翻重来才最后确定的，最后的方案是一个面向入口的三角形大台阶，底部的方形平台被延伸自入口处的人工水池环绕，水池四周植上挺拔的银杏树，从大台阶的顶端由坡道连接到2层内街。坡道、台阶、水池，所有的构件都由混凝土预制或现浇，浑然一体。整个景观的联结可被视作主入口地面的延伸和扩展，直白朴实，没有任何手法运用的痕迹。这里像是一个大展台，也让人联想到古希腊的室外剧场。之所以选择这样的设计，应该是因为整个建筑生成的逻辑性，使得它本身的完整度就很高，因此也只有把其他物件理性地设计成其中的一部分，不可分离，才不会显得突兀和尴尬。后来投入使用，这里真的成为一个室外展场，艺术品面向着主入口高低错落的矗立在那里，从入口第一眼看到它们的时候，我真的可以感觉到它们在和人们讲述着什么，感觉到艺术是有生命的。

结语

能写一笔的地方还有很多，对过程的记录总是让人开心的。建筑很顺利地在去年年中落成了。一座建筑，在实现的过程中，多数时候会让我们觉得漫长而曲折，自己和同事们付出了很多的努力。而建成后回头看，总会为这些付出的努力所感动。作为建筑师，我也希望能把这种感受传达给更多人。

巧的是，两年前我写过一篇短文叫"在中间"，不料引起了黄总的兴趣，随即将西山艺术家工坊改名为"中间建筑"。我想黄总套用此名一定有他的道理，但对设计来说也别有意味，于是在项目落成的开幕仪式上我即兴发挥：当下建筑设计有人关注外观形态，有人关注室内空间，而我们在这里更关注中间，就是建筑和建筑中间，建筑和环境中间，建筑和人中间，我们希望以提高中间的品质，营造引发创意的空间。

——原载于《建筑学报》2010年第2期

行云流水，城市公共空间的水乡文化创新

Developing along the water surface, it is an attempt to create urban space in riverine China

昆山市文化艺术中心 · KUNSHAN CULTURAL ARTS CENTER

设计 Design 2009 · 竣工 Completion 2012

用地面积：112000平方米 · 建筑面积：72410平方米

Site Area: 112,000m² · Floor Area: 72,410m²

合作建筑师：何咏梅、李 斌、张玉明、颜朝昱

Cooperative Architects: HE Yongmei, LI Bin, ZHANG Yuming, YAN Zhaoyu

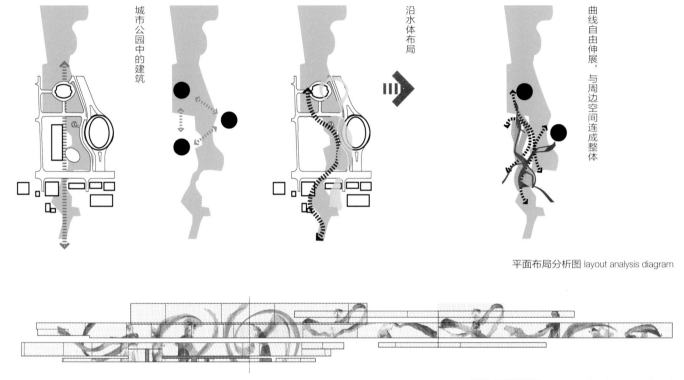

城市公园中的建筑

沿水体布局

曲线自由伸展，与周边空间连成整体

平面布局分析图 layout analysis diagram

幕墙立面展开图 expanded elevation of curtain wall

水是昆山的灵魂，有1/3的市域面积被水面覆盖。昆山市文化艺术中心坐落在以城市森林公园为核心的城市副中心内。总体布局采用与周边水系形态相契合的曲线式布局，由南侧逐渐旋转发散，沿水体向北舒展放开。这种契合使建筑与环境相互呼应，增强了城市景观的延续性。主体建筑被放置于绿化景观环境之中，紧邻水体布置。在滨水的一侧，配备室外平台、休息厅、廊桥、散步道、市民广场和亲水空间，成为市民休闲娱乐的开放性场所。形态设计选取最能代表昆山文化的昆曲和并蒂莲作为母题。整个建筑的平面形态由昆曲表演艺术中的甩袖形象衍生而成，建筑从一个中心逐渐旋转发散，正如昆曲表演中轻摇手臂翩翩舞动的长袖；而发散出的一簇花瓣的形态恰似盛开的莲花。在立面设计中以错落的平台和楼板为本，以流线型为基础，以白色为主色调，使得建筑凹凸有致，风格简洁明快。简约现代的穿孔

金属板，利用孔洞的变化调节外立面的透光率，并形成通风的腔体，改善建筑的外观效果和内部舒适程度，形成玲珑朦胧的独特肌理。

Located in the sub-center of Kunshan, a city well known for its large water area, the project develops its layout along the river in the site. A series of outdoor facilities facing the water surface, such as platform, resting area, bridge, walkway and plaza are defined as the urban space for citizens. Rotating and waving, the curvilinear geometries form two volumes that look like twin lotus flower, a symbolic plant of Chinese gardening. At the same time, the dynamic waves also intimate the movement of long sleeves in Kunqu Opera, which originates from Kunshan.

简约的建筑，健康的生活
Pure building, pure life

德阳市奥林匹克后备人才学校 · DEYANG OLYMPIC SPORTS

设计 Design 2009 · 竣工 Completion 2012

用地面积：100942平方米 · 建筑面积：17422平方米
Site Area: 100,942m² · Floor Area: 17,422m²

合作建筑师：关 飞、傅晓铭、彭书明
Cooperative Architects: GUAN Fei, FU Xiaoming, PENG Shuming

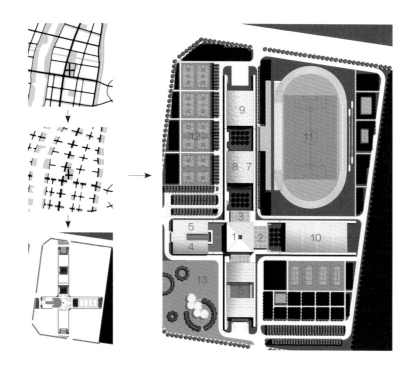

1. 共享区
2. 接待区
3. 辅助用房
4. 教室
5. 餐厅
6. 室内游泳池
7. 重竞技馆
8. 健身馆
9. 羽毛球馆
10. 网球场
11. 田径场
12. 篮球场
13. 奥林匹克广场

总平面图 site plan

剖面图 section

德阳奥林匹克后备人才学校，是由国际奥委会、北京奥组委在汶川地震后捐助建设的。设计思路是将传统的体校设计转换成开放式的城市体育公园。十字形的建筑把室外运动场地分为田径、篮/排球和网球3个区，校舍、球馆、泳池、网球场在十字平面内沿4个方向展开。中心是更衣沐浴和管理用房，相互之间以休息长廊连接。建筑结合德阳的气候特点，尽量采用半开放、自然通风采光的空间，以利节能。建筑材料主要为结构性清水混凝土。钢拱屋面和本地灰砖、竹材表达了健康、生态的理念，强化了建构的逻辑，也从某种意义上体现了奥林匹克精神。

The project is funded by the International Olympic Committee and Chinese Olympic Committee after the 2008 Wenchuan Earthquake. The cross-shaped building creates outdoor sports venues for athletics, basketball/volleyball and tennis. It also distributes the school's dormitory, arena, swimming pool and tennis courts in four directions. Spaces for bathing, dressing and management are located at the center and connected by long corridors. The dominant materials, exposed structural concrete, incorporated with bowed steel roof, gray bricks and bamboo, express intentions about sustainability.

构建有活力的空间，营造林中阅读的意境

Activating campus space and generating the scene of reading under the tree

江苏建筑职业技术学院图书馆 · LIBRARY OF JIANGSU JIANZHU INSTITUTE

设计 Design 2009 · 竣工 Completion 2014

用地面积：54878平方米 · 建筑面积：27896平方米

Site Area: 54,878m² · Floor Area: 27,896m²

合作建筑师：赵晓刚、周力坦、李 喆

Cooperative Architects: ZHAO Xiaogang, ZHOU Litan, LI Zhe

1. 文献开架借阅区
2. 中庭及上空
3. 数字化制作
4. 会议室
5. 办公室
6. 信息技术

首层平面图 first floor plan

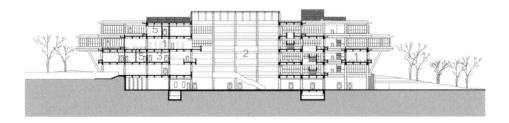

剖面图 section

江苏建筑职业技术学院坐落于徐州南郊。营造一个树下读书场所是设计的主旨。用井字梁与斜撑组成的清晰的混凝土结构，以及层层叠置的平台，在建筑形体上有了树的寓意。图书馆平面采用8.4m×8.4m矩形柱网，所有的变化均在矩阵的控制下进行，转折的外边界则为阅览区的景窗提供更多的风景。图书馆底层部分架空，成为开放的交往空间，并将咖啡厅、书店、展厅、报告厅等公共功能安排于此，与近旁的水面结合，形成校园内吸引学子的文化广场。主要开架阅览空间则放置在二层到四层的开敞区域。

Jiangsu Jianzhu Institute is located in the south suburb of Xuzhou. The design scheme focuses to create a reading space under the tree. Concrete structure with impressive cross beams and diagonal bracings, especially the stepping up terraces, articulated the image of tree. With a 8.4m×8.4m column grid, all the seemingly random variation is controlled by a matrix system. In the same time, the opening of the ground floor integrates the building with its environment. The long horizontal windows provide more sun lighting for reading area.

设计的逻辑　　LOGIC OF DESIGN

Abstract

Despite the usual symmetrical form that worships the library as a "shrine of knowledge", the project presents a causal sense for students to enjoy reading itself. The concrete structure, which is stacked with standard functional boxes, emerges from the earth just like tree with natural gesture. To show beauty of structures and reduce the cost of decoration, BIM design is invited into this project. Natural ventilation and vertical greening system are also emphasized in the building.

什么是图书馆？

什么是大学的图书馆？

什么是大学生喜爱的图书馆？

六年前，当我站在学校西门的广场上，看着一片荒草坡的时候，头脑中不自觉地又想起这些有点儿形而上的问题来。

的确，这些年国内外新校园看了不少，自己也曾参与了几处，图书馆都多少像一尊菩萨，供在校园最核心的位置上，谓之：知识的殿堂。建筑师们通过轴线、对称、高台、柱廊、中庭等一系列手段构建殿堂，已然成了套路，却似乎渐渐淡忘了这几个基本问题。

而我在现场又回想起这些问题，也是有感而发的。那场地虽正对学校新修的西大门，广场上也似乎有点轴线的提示，但却处在偏坡，南高北低，东边还紧邻着一座教学楼的墙角，不当不正，似乎不具备殿堂的气场。但坡上有树，坡下有塘，西侧面山，学生去东面的教学区和北面的体育区都会经过此地，又似乎是个读书的好地方。于是营造树下读书的环境，回归图书阅览的基本原型便成了构思的出发点。

其次，分析校园规划，西门内是校园扩展的新区，校园主要功能区都在东半部，图书馆虽应以面西为主，但学生多从东面来，前门后门哪个为主便有些纠结。于是将其首层架空，让校园人流线保持畅通和灵活，并籍此把书店、咖啡、展厅、报告厅、自习教室散布在底层开放空间中，营造学校信息交流的中心，这似乎也回答了第二个问题。

第三个问题好像比较难，建筑师创作绞尽脑汁，除了满足建筑基本功能外，总想取悦未来的使用者，但往往是自作多情。除了满足一点自己的自尊心外，未曾谋面的使用者们不一定领情。所以在这里为学生着想，绝不敢从夸张的造型入手，只是希望多提供些面向风景的阅览座位，多创造些可以纳凉休闲的开放空间，这应该是他们喜欢的。又考虑到这里的学生都是学建筑设计和建造技术的，所以展示清晰的结构体系、设备系统和建构逻辑便也有了见习教学的意义。

把这三个问题想清楚了，脑子中便朦朦胧胧中有了方案的影子，心情也舒畅了许多。回到北京的办公室和助手们一起用草图勾画、模型推敲寻找恰当的技术路线。先是确定了正方形柱网平面，因为这比较符合书架和阅览桌的排列模数，平面效率高。其次是采取集中大平面的格局，空间布置弹性好。其三要尽量加长外窗的长度，使更多的座位可以看风景并享受自然采光，所以将平面外沿曲折进退。第四是底层架空平面要开敞、灵活，提供一层和二层入口的同时，适应坡地的高差，使较大体量的配套功能体嵌入土地。第五是研究结构体系，以支撑多变的平面和向外的悬挑，同时尽量减少落地柱子的数量，所以采用了钢筋混凝土倾斜撑柱的技术。第六是绿色建筑的设计理念，强调自然采光，通风，布置窗外花槽和屋顶绿植，并以清水混凝土作为完成面，少装饰少耗材，在适当地成本控制下达到节能减排的要求。第七是对徐州地域性的适当表达，除了地形地貌的积极呈现和气候条件的应对策略外，从室外地面到首层外墙的当地肌理石材的选用也是多少有些对汉石刻艺术的隐喻和提示，其实，主要出于结构考虑的斜撑框架，也可能会让人对汉代木作有所联想。最后决定采用BIM设计技术，建筑、结构和机电各专业在三维数字信息模型上工作、交流，力争达到高质量的设计和高完成度的施工。

我们希望这是一座内在理性而外在感性的建筑，一座单元标准而组合丰富的建筑，一座不刻意扮饰而讲究自然美的建筑，一座不强调文化而有些内涵的建筑。非常庆幸的是这种价值观和设计策略得到了学校方面的积极认可，方案也比较顺利地通过了审批。之后设计团队的精诚合作以及南通建总包单位的认真施工，建筑最终呈现出了应有的质量。稍显遗憾的是室内设计和景观设计虽然也是由我的团队提供了方案，但在校方自主的深化和实施中还是出现了一些偏差，说明在有些观念上不同的认识仍然存在，相互沟通也还存在一些不协调，真希望日后还能得到调整和完善。当然，除此以外，我更希望同学和老师们能真心喜欢和珍惜这座建筑，更期待这座建筑为校园提供的开放空间能够引发校园的活力，更愿意看到这座建筑多少诠释了一点儿图书馆的本意。

生命之树，有如植物般生长绽放

Tree of life, a landmark inspired by the plants in nature

北京奥林匹克塔 · BEIJING OLYMPIC TOWER
设计 Design 2005 · 竣工 Completion 2015

用地面积：81437平方米 · 建筑面积：18687平方米
Site Area: 81,437m^2 · Floor Area: 18,687m^2

合作建筑师：康 凯、叶水清、吴 健、邢 野、冯 君
Cooperative Architects: KANG Kai, YE Shuiqing, WU Jian, XING Ye, FENG Jun

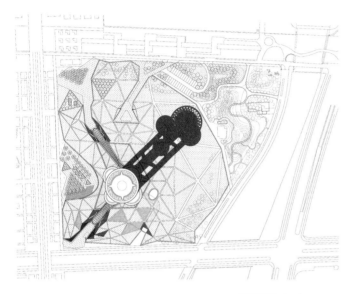

总平面图 site plan

位于奥林匹克公园中心区的北京奥运塔,其灵感来自于自然界植物生长的形态,也寓意奥运精神的生生不息。塔座部分覆土而建,缓缓升起的绿坡覆盖整个大厅,与周边景观自然衔接。从基座破土而出的塔身,随着向上生长的态势,逐渐如树枝般分叉,露出内部树枝肌理的银白色金属幕墙,与银灰色的玻璃幕墙虚实交织,显得轻巧灵动。五个不同高度的塔顶如水平伸展的树冠,在空中似分似合,并提供了可远眺周边奥运景观的观景平台。

2015年8月,在北京成功获得2022年冬季奥运会举办权之后,国际奥委会主席托马斯·巴赫参观了这座俯瞰整个奥林匹克公园的高塔。北京市相关负责人建议,将塔的命名与奥林匹克运动结合起来,巴赫非常赞同:"世界上尽管举办了许多次奥林匹克运动会,但还没有哪座标志性建筑物直接以'奥林匹克'来命名。"他提议,命名不需要增加地名或时间的限定词,应直接称之为"奥林匹克塔",这也是对北京这座同时承办了夏季奥运会和冬季奥运会的城市最好的礼物。

Located in the Olympic Green, Beijing Olympic Tower represents the vigorous spirit of Olympic Game by its growing gesture inspired by

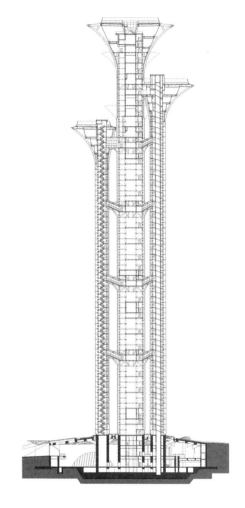

剖面图 section

the plants in nature. Five huge towers emerge from the base covered by green slope. Along with the growing upward, the envelop structure gradually bifurcates into branches. The top of the towers stretch out, forming a tree-crown like shape. Standing on the overlook platform, one can overlook Olympic Green around. Maybe that is why the President of International Olympic Committee, Mr. Thomas Bach named it "Olympic Tower" to make it a landmark for Beijing, the only city hosts the Summer Olympic Games and Winter Olympic Games.

我们的奥运后的奥运工程

OUR POST-OLYMPIC OLYMPIC-PROJECT

Abstract

Beijing Olympic Tower was selected in a design competition before 2008 Olympic Games and then suspended for various reasons. Located in the central area of the Olympic Park with a 248m-height, the scheme, tree of life, is naturally a landmark of Beijing. When the municipal government realized the city need a landmark to show its new spirit, the project was restarted. With five tree-crowns of different height gather together closely, the tower symbolized the five Olympic rings that represent the vigorous spirit of sports.

早在申奥成功后不久奥运中心区规划确定之后,就确定了在城市中轴线上要做一个标志物,为此做过多轮的方案征集活动,最终于2006年初选中了我们工作室提交的多个方案中的"生命之树",并以此开始了初步设计。但到了2006年秋天,在初设完成后的审查阶段,由于种种原因,该项目被暂停了。而之后又由于电视播出的需要选择了另一个方案实施——就是后来的"玲珑塔"。由于当时工程紧,玲珑塔几乎是边设计边施工,开始定位是临时性构建物,建筑结构和设备标准都按临时标准设计,但到后期政府怕浪费太大,又重新定位成永久建筑,为此设计又做了不少调整。这个塔高度不高,空间很小,垂直运输和疏散都有一定流量的限制。安全部门一直不同意玲珑塔赛后向公众开放,只能接待少量贵宾和参加商务活动的客人。所以奥运中心区一直没有一处让游客登高望远的景观平台,大尺度的城市景观区,结构和形态独特的鸟巢和水立方以及向南延伸的城市中轴线都无法让使用者和游客欣赏到,不能不说是一件憾事。

2010年广州亚运会成功举办,其中亮点之一是一个被市民称为"小蛮腰"的观光塔,由于它不仅为人们提供了登高俯视天河和城市景观轴的平台,也同时作为城市的标志物展示出浪漫的姿态和色彩,受到了社会广泛的好评。据说是因为广州"小蛮腰"的出现,重新又让北京的领导人意识到观光塔对城市的重要性,于是在那之后不久,瞭望塔工程重新启动,而此时奥运会已结束了整整3年。

重新开始的瞭望塔地点不变,还在原来奥运仰山公园南门东南侧,与地铁8号线奥运公园站相接,东西是龙形水系,南面是下沉花园,西侧紧邻奥林匹克景观大道,地面以步行人流为主,只有贵宾和旅游大巴车可在东北侧进入。塔的原方案不变,仍然是由象征着奥运五环的5个塔组成,每个塔高度和大小不同,呈螺旋状依次排列,最高的1号塔高248m,观光之塔2号塔次之,内设餐厅,3号、4号塔的空间以多功能商务活动为主,5号塔是大型活动控制中心,所有的塔冠和塔顶平台都可以上人,各塔之间亦可以横向连通,将来成为一组可以互动的高空观景平台。塔底部是观光接待大厅,分上下两层,内有等候区、展览区、纪念品商店、多媒体电影厅和贵宾接待区,巨大的空间以钢筋混凝土斜梁结构支撑屋面和稳固塔体,坡状的屋顶全部用呈三角形板块状的绿植覆盖,中间有一条玻璃窗穿过衔接南北二层的坡道入口,西侧有一巨拱撑开,迎向景观大道,围合出一个开敞的下沉花园。与一层大厅的入口空间相连,塔的造型以生命之树为主题,采用略有抽象的树枝和叶脉形态,钢塔结构之外用铝方通组成开放式全屏幕墙,本色银白的效果让它显得轻盈而现代,镀膜玻璃嵌入柱体,超白玻璃围合塔冠空间,既满足景观功能,又晶莹灵动。

夜景照明虽然在技术上有一定难度,但我们仍希望它有一种幽雅宁静的气质,如植物般有生长绽放的效果。而到节庆时分,塔身上还会绽放出五彩的礼花。

——节选自《世界建筑》2013年第8期

理性解读下的新区开发
New district development under the rational understanding

北工大软件园二期B、C、D地块 · BPU SOFTWARE PARK II-PLOT B, C, D
设计 Design 2008 · 竣工 Completion 2012

用地面积：B地块61940平方米、C/D地块32089平方米 · 建筑面积：B地块114700平方米、C/D地块112270平方米
Site Area: PLOT B 61,940m^2, PLOT C/D 32,089m^2 · Floor Area: PLOT B 114,700m^2, PLOT C/D 112,270m^2

合作建筑师：柴培根、喻 弢、周 凯、金 爽、杨 凌、周力坦、冯 君
Cooperative Architects: CHAI Peigen, YU Tao, ZHOU Kai, JIN Shuang YANG Ling, ZHOU Litan, FENG Jun

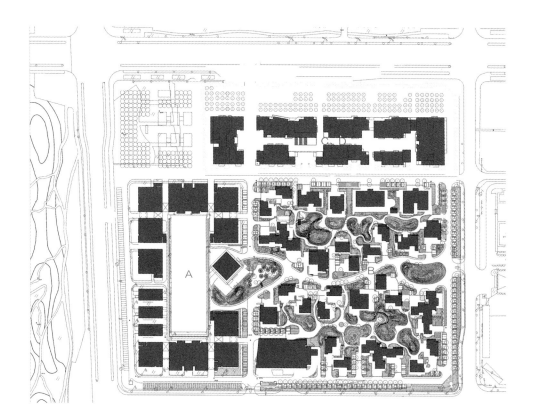

总平面图 site plan

北京亦庄新城作为京津冀地区新城建设的早期实践，多年来基本延续着低密度、低容积率、高绿化率的郊区化特征，北工大软件园是位于其中，为软件研发及IT相关产业提供的高科技办公园区。其中，B区采用"总部型办公"集群的模式，由21栋单体建筑和一座公共服务平台组成。建筑围合出两个庭院，低区架空、中区露台、高区标志体量的边界变化带来围合空间的丰富层次。为控制成本，建筑形体方整，带形窗因而成为主要的立面语言，精致的金属窗套也与陶土砖形成了鲜明的对比。C、D区位于B区北侧，沿城市主干道有300米长的城市界面，设计主旨在于整合建筑形态，形成软件园完整的城市界面。底部商业街区形成完整的底座，沿街展开，其上分置四座办公塔楼。建筑整体统一于网格系统之中，外部框架以银灰色金属幕墙构成，办公部分采用标准化幕墙单元，商业部分则加入不同材质和元素。

Composed by 5 plots with more than 60 individual buildings, this business park is designed to fit for the requirements of software industry and maximize the efficiency of office spaces. There are three composition modes for different building layouts with one, two or three modules. For Plot B, the quadrangle layout gives every building an adequate view and natural light. Well-fabricated frames of stripe window establish a counterpoint to the ceramic tiles clad walls with its clean, modernist expression as a response to the cost controlling requirement. On the north, Plot C&D forms a 300m-long urban façade with its commercial podium, on which four office towers stand. From plan layout to façade framing, the whole building is controlled in a grid system.

高效、开放、复合的校园综合体

A campus complex built under the pinciples of efficience, openess and multiple

北京工业大学第四教学楼组团 · **NO.4 TEACHING COMPLEX OF BEIJING UNIVERSITY OF TECHNOLOGY**
设计 Design 2010 · 竣工 Completion 2012

用地面积：41337平方米 · 建筑面积：77504平方米
Site Area: 41,337m^2 · Floor Area: 77,504m^2

合作建筑师：柴培根、于海为、谢 悦、张 东、田海鸥、潘天佑、孙博怡
Cooperative Architects: CHAI Peigen, XU Haiwei, XIE Yue, ZHANG Dong, TIAN Haiou, PAN Tianyou, SUN Boyi

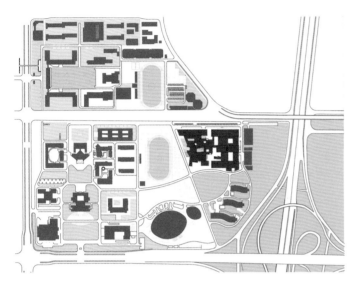

总平面图 site plan

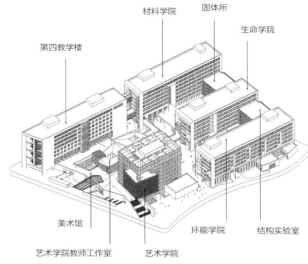

材料学院　固体所　生命学院

第四教学楼

美术馆　环能学院　结构实验室

艺术学院教师工作室　艺术学院

轴测图 axonometric drawing

第四教学楼组团是北京工业大学校园中最后一个大规模建设项目。相较由主校门、行政主楼、图书馆构成的传统校园轴线，新的教学组团和体育馆遥相呼应，成为展现活力的开放场所。设计一方面在庞大的教学体量中提供更多的功能空间，另一方面也希望在高密度的前提下建立起街道、平台、广场等一套公共空间体系，融入到校园的整体环境中，并通过不同学科的集中，形成各专业的相互交流和碰撞，其高效复合的状态可以被称为"校园综合体"。设于首层的大型实验室屋顶通过连桥成为连续的平台，面向校园主要空间的大台阶则让平台更具公共性，艺术教学工作室如聚落般置于其上，以区别于其他教学体量的材料和色彩，吸引工科学生前来感受艺术的氛围。结合室外疏散楼梯增设的平台和绿化墙，则在竖向上为建筑增添了一抹绿意。

As the last large-scale teaching building, the project is considered to be a "campus complex", which contains public teaching units, technology colleges, labs and a new-founded art college and activate campus life with its openness. In the context of high-density, the large mass provide a platform consisted by the roofs of large-scale labs. Facing the main sports ground and other public space of the campus, the grand stairs attract students to enter the dramatic outdoor space system made up by alleys, bridges and small cottages used as artist studios. A place for different disciplines to communicate emerges here. The vertical planted walls enveloping the outside stairs give the building a sense of greening.

思考 · 言论　THINKING · THEORY

中国建筑发展的伦理回归　THE RETURN TO ETHICS OF CHINESE ARCHITECTURE

Abstract

Discussing the ethic position of Architecture design for Chinese architects, we should be acknowledged that the fast development of Chinese society has already changed traditional common value into diversified values. Instead of the harmony between artificial building and nature, economic benefit is the basic principle of today's construction of human settlement. Although there are different targets and principles for the clients, government officers and architects, the values of architecture ethic are always the most fundamental. Facing the issues in the construction field, we should settle the problems of reality with rational, ecological, adaptive and community-respecting attitudes.

小时候，爷爷奶奶总是给我讲一些做事做人的道理，那是几乎每个人都经历过的伦理启蒙。

今天在这里我也想谈谈伦理的话题。或许我还没老到谈这个话题的年纪，但作为建筑师，我们为社会提供建筑设计服务，每天都要面对形形色色的人，面对不同的想法和价值观，有时让我们困惑：建筑到底应该满足什么样的需求？建筑师的立场到底在哪里？如何去应对这个纷繁的社会，提供有真正价值的建筑作品？于是我们不得不想一想伦理这个问题。

坦率说今天中国社会的伦理已经有了很大变化。传统伦理关系得以建立的基础已经不一样了，诸如宗族社会中普遍的大家庭结构、缓慢的农业经济、比较封闭的地域性、儒家的学说，以及佛教的影响等，到了今天已经变成了小型化、分散化的家庭结构，商品经济为主导的机制，开放的社会和全球化的影响，信息化的传播交流等，完全不同了。于是传统社会一元的伦理价值观变成了现在多元化的价值观，当代伦理的内涵发生了质变。简单讲从过去的尊卑、长幼、君臣等社会伦理，变成了以个体、本位为中心，强调实现个人价值的自我意识，从尚中、谦和的人际关系，变成了竞争、索取的商业关系。相应的，在人居环境建设上，从以往强调天人合一、与自然和谐的营造策略，转变到当代以经济效益为核心的城市发展策略，尽管时下人们也把生态、绿色、宜居放在嘴边，但实际上，城市屈从经济和政治利益来发展是不争的事实。中国传统建筑的伦理精神，包括政治伦理（形制、色彩、工官制度的建筑等级），社会伦理（礼教、宗法、礼俗与建筑空间、形制的对应），人生伦理（建筑的生命观）以及生态伦理（天人合一、因地制宜、顺应自然）等也似乎早已抛在了一边，或者只是常常被当成充充门面的空泛口号。当然我们应该承认传统伦理所依据的那些社会背景已经不在了，今天的社会环境也会产生今天的伦理，而这些伦理可能代表着不同的社会阶层，换句话说不同社会人群会有不同的伦理价值观，而它们之间往往还会有矛盾，这就是我们面对的事实。于是如何在继承传统的同时又依据现实的情况调整，以丰富建筑伦理的当代内涵，成为摆在我们面前的难题。

建筑伦理描述的是建筑和与之相关的各要素之间的关系，它所表达的是对这些关系的价值判断。从广度上，建筑伦理的研究范围包含了建筑内部各要素之间的关系建筑的社会和环境意义以及建筑从业者的职业道德、价值取向等。从深度上，建筑伦理强调的价值准则是基础的、公认的、正确的，是关于建筑的本质、意义等核心问题的，是所有建筑活动所应共同遵守的价值底线。

建筑师关心的是通过专业知识，通过理性分析，通过设计和建造，把项目做好，但是他却不得不面对来自外部的约束力。政府官员往往会要求你在他的任期内建成他所决策的项目，以便成为他的政绩，这是官场的伦理，于是建筑的设计和施工的时间就会被大大压缩，由此而带来的质量问题却是他不太关注的。再比如开发商的想法就是为企业赚钱，利润是企业的目标所在，这也是他们的伦理，而单纯追求利润的开发项目往往会不顾城市的公共利益，甚至为了获取更多利益而去违反和突破城市规划的原则。由此看来，在建筑行业领域里各个方面之间的利益和追求是不一样的，伦理价值观自然也是不一样的，这也就直接影响了建筑的质量和价值观、城市的利益。

面对今天城市建设中的诸多热点问题，我们也不妨对建筑本体进行追问，对建筑与自然、文化以及社会关系的伦理进行追问，对建筑师职业操守的伦理进行追问：是继续追求更高、更大、更怪的空间奇观，还是回归建筑基点，以人为本地解决人居环境的现实问题？是以环保绿色为口号、以产业发展为目的地建造昂贵的、不可持续的"绿色建筑"，还是以俭朴的理念、以适用的技术，真正创造回归生态的建筑环境？是打着弘扬传统文化的旗号，拆除历史建筑、大造仿古旅游建筑，还是珍惜历史遗存、尊重建筑历史的原真性，使真实的历史得以延续？是保守地模仿复古，还是实现中国建筑文化的当代蜕变？是追求浮华、排他、彰显自我的个性表现，还是礼貌地对待城市的物质与文化环境，与之和谐相处？建筑师是随波逐流、为了生存屈从于"潜规则"，还是心存善意，积极地面对现实，对各方立场进行正确引导，寻找恰当的平衡点？

经过多年来的思考与实践，我们衷心期望着当代中国建筑发展的"伦理"回归。首先应该回归理性，以"用"为先，就是将适用、安全、经济优先考虑；然后是回归生态，以"俭"为先，就是优先采用节俭的方式，少拆除多利用，少浪费多实用，少扩张多省地，在这个基础上再去考虑技术的措施，真正建造节能、省地、环保的建筑。而回归本土，则应以"和"为先；这不仅是简单地形式传承的问题，更重要的是回到中国传统文化中的"和谐"精神，以礼貌的态度建立建筑与自然山水和城市环境的关系。再有应该提倡回归社会，以"公"为先，就是在设计中，以公共利益、公民利益作为优先考虑的一个出发点，使建筑环境更加开放、公平、友好。而最终要回归建筑本体，以"品"为先，在设计中最重要的是品质，建筑师的职责就是对建筑的品质负责，为建筑的长久价值考虑。要达到上述的回归，关键点还在于回归专业，以"责"为先，就是在建筑创作的全过程中，把专业技术责任重新交给建筑师，让建筑师有充分的话语权，对建筑设计和建造以至使用和保养真正负起责任。

总的来讲，就是希望社会各个层面都能回到理性的立场看待我们的城市建设，以善意的心态来关注建筑的创作。比如决策者，不论是政府官员还是开发商，都能够更理性地选择建筑方案，尊重建筑师。从设计体制来讲，需要更理性规范，从设计者来讲，更要理性思考创作的逻辑，对客户应该善意引导而不是追风趋俗；而对于使用者来说，也需要做到理性认知建筑文化、珍惜建筑环境价值。

不可否认，当代中国建筑价值取向丰富多元，这是时代发展的必然。借助建筑伦理的观察视角，我们可以透过纷繁的价值多元现象，挖掘出共同的伦理价值底线，这对我们未来人居环境的健康发展是至关重要的。

——原载于《人民日报》2013年12月3日（采访整理：姚雪青）

搭建创新的平台　　SET UP A PLATFORM FOR INNOVATION

Abstract

Architectural design is a part of the cultural creative industry, which is highly promoted by the energetical developing of Chinese government in recent years. The evaluating standard of architectural design should not only focus on the physical production but also on the merits of culture and art. For such a big country with so many nationalities and cultures, there is no need to imitate other cultures.

近日，国务院发布了《关于推进文化创意和设计服务与相关产业融合发展的若干意见》（简称《意见》），从国家文化战略的高度对包括建筑设计行业在内的文化创意和设计服务产业的发展提出了任务和要求，从顶层设计层面上提出了一系列新理念、新目标、新任务和新的要求，并提出了具体的政策措施，这对提升我国未来的城镇化建设水平、促进建筑设计行业的健康发展意义都十分重大。

改革开放三十多年来，我国城乡建设经历了前所未有的大发展时期，取得了举世瞩目的成就，也存在着日益突出的生态环境危机、文化特色危机等普遍问题，受到社会的广泛关注。"十八大"提出了国家要在今后相当长的一段时期里大力推动新型城镇化的发展路线，作为建筑设计工作者，我认为有必要对过往的城乡建设问题进行客观全面的分析研究，总结经验教训，找准一条可持续的、有中国文化特色的人居环境建设之路。

首先我十分赞成《意见》中明确提出的建筑设计行业是文化创意产业的一部分。常言道，建筑是石头的史书，意思是说一个时代的建筑综合地反映和记载了这个时代的历史文化信息，因此建筑设计的意义也就不仅仅是满足人们当下对空间环境的功能需求，而必然具有更重要、更长久的历史和文化意义。以这样的逻辑看待建筑业，它就不仅是国家经济的支柱产业，更应该是国家文化形象的制造者和记录者；以这样的视角看待建筑设计企业，对它的评价标准就绝不是完成了多少产值，而应是为城市创作了多少具有文化价值的优秀作品；以这样的态度看待建筑师，就不应将他们仅仅看成设计业务的服务者，而应该是建筑文化和建筑艺术的创作者；以这样的理念看建筑，它的形式属性不应仅仅注意美观，而应该是文化的内涵。

当然建筑文化并不是抽象的符号，也不是大而化之的概念，它应该真实表达我们辽阔的国土上不同民族和不同地域的人文和自然的特征，而不该去照搬和模仿其他的文化。以这样的视角看建筑文化，就应该不仅注重它对传统文化的传承，更要鼓励创新。因为一个时代有一个时代的不同文化精神，它永远是发展的，而不是停滞的，更不应是倒退的；以这样的视角看待历史建筑遗存，就应该认真、完整地保护它所拥有的历史信息，绝不能因为商业开发而随意拆除、腾挪，也不要因为它的破旧而随意重建，甚至造假，丢失了真实历史信息的建筑实际上就是假古董、伪文物，会搅乱历史，贻害后人。

如果我们以这样的文化理念看待城市建设，我认为城市的决策者、开发者和建设者们就应该有一种沉重的历史责任感，因为你们的每一个决策都关乎城市的未来，每一笔投资都应推动城市文明的进步，每一个建筑都应积极地反映这个时代的文化价值观，代表这个城市的文化品质。而当下经营城市的理念，急功近利的开发模式，有损建筑品质的恶性压价竞争和不符合客观规律的设计和施工周期现象都应该进行纠正。

以这样的文化理念看待建筑创作，我认为就应该营造更加积极、宽松的创作环境，要像尊重艺术家一样地尊重建筑师的创作话语权，像尊重科学家那样尊重工程师们的技术决策权。在方案竞选制度上应该杜绝行政干扰，禁止暗箱操作，采用更加公开透明的实名评审和公示机制。尊重每一个设计者的劳动成果，对中外建筑师一视同仁。另外还应探讨不同的方案比选方式，避免过多过滥，浪费设计师的人力物力。

《意见》提出"因地制宜融入文化元素"，十分精辟。建筑离不开土地，而不同地域的土地有着不同的自然和人文特征，建筑设计理应挖掘和表达本土的特色，而表现本土文化和自然特色的城乡建筑是根本解决"千城一面"的基本路径。另外应该特别注意这种特色是经过深入的理性思考而产生的，是一种恰当的"融入"式，而不是生硬的"粘贴"式，是对本土历史文化和现代生活的真实反映，而不是刻意的、牵强附会的表面功夫。当然作为建筑的艺术属性，文化艺术的表现也应该反映设计师个人对本土的理解和判断，所以它势必是多元的，丰富的。因此，对建筑个性的鼓励和宽容也是繁荣建筑创作的基本态度。

我十分赞成《意见》中说的建设"形象鲜明的特色文化城市"的愿景目标。我认为一个城镇的特色最终形成要靠一代一代建设者持续努力，这就要求从城市规划到城市设计保持相对的稳定性和严肃性，不能换一届领导改一遍规划，要像习主席所提倡的"一张蓝图干到底"才有可能。

这就要求城市规划一经审定就应立法执行，不得随意变更，在有些重点地区还可以参照国外做法，聘任地区责任总建筑师或总规划师，持续地对该地区建设项目承担审查和监督责任，以保证规划和城市设计导则可以逐步实现，最终形成和谐统一的特色风貌。我也希望以这种专家参与城市建设管理的工作模式改变现在外行审内行，或者专业水平低的管理者为水平高的设计者把关的不合理局面。

近年来，我结合自己近三十年来设计实践的体会，提出了本土设计的策略，强调建筑创作应该以土为本，从我们饱含自然与历史人文信息的沃土中汲取营养，潜心耕耘，通过理性的设计，追求一条有地域特色的，丰富多彩的中国建筑之路。我相信在国务院《关于推进文化创意和设计服务与相关产业融合发展的若干意见》的指导下，我们建筑设计的创新环境会有很大的改善，全社会对文化的创新的支持也会有很大的加强，创作出无愧于历史又引领未来的、能代表中国国家文化形象的创新建筑的时机已经到来。

——原载于《光明日报》2014年3月16日

浅谈建筑师教育   AN EDUCATION FOR ARCHITECT

Abstract

From the viewpoint of a practicing architect, Cui Kai suggested to customize and reform the traditional architectural education of China into an opened, operated and continuous one, which respects the mentorship, mixed-ability, rationality and experience teaching.

又到了九月，又到了迎新的季节，大学校园里又迎来一届新生，设计院里又迎来一批新人。作为院领导之一，也作为成长于这个设计院的资深员工，我总被安排在迎新会上讲几句话。而每年我也总有几次受邀去大学，给建筑学的学生做个讲座。讲什么呢？无外乎嘱咐新员工努力工作，无外乎介绍自己的几件作品，似乎成了套路。其实这些都不重要，我想这些有志成为建筑师的青年学子们更想知道他们应该怎么学、怎么做，具备哪些素质和技能才能走上成功之路。而从用人的角度来讲，我们也的确希望学校的建筑教育能更有效地把我们所期望的人才输送到设计一线上来。一方面是愿望，一方面是需求，这关乎建筑师的培养和教育。正巧《南方建筑》杂志让我谈谈对建筑教育的看法，于是便将自己一些粗浅的体会和不成熟的设想写下来向同行讨教。

1. 开放教育

建筑是一个庞大的社会系统工程，建筑学涉及相关领域很多，建筑设计发展变化很快，这就要求建筑教育也应与之相适应。近些年来，许多院校都在调整教学体系和内容，许多教师都在尝试教学与实践的某种结合，学科之间的交流也有所增加，学生也有不少实习机会去接触设计一线。但是总体来讲，我感到学校的教育还是比较传统、比较封闭的。有些课程设置几十年一贯，有些课程内容知识老化。有些教师接触实践少，对社会需求不够了解。也有些学生帮老师打工，项目商业化，缺乏学术追求。更因为学生扩招，师生比例失衡，直接影响教学质量。所以，我总在想可否有一种更开放的教育机制，让优秀的建筑师可以走进校园教书、代课，让相关专业的专家到学校多开些选修课，既能解决教师队伍不足的问题，又能让来自设计一线的新信息和新知识不断补充到教学内容中去。当然要做到这点不容易，一个是管理体制上还有不少障碍，一个是建筑师们都太忙。前者需要上级主管部门研究、调查，后者需要建筑师们提高参与教育的意识，实际上做一些教学工作对保持和提高创作的学术水平也很有好处。

2. 师徒教育

建筑学是一门古老的学科，传统的教育方式就是师傅带徒弟。当下建筑教育专业分类越来越多，学生规模也不断扩大，所以本科教学方式似乎只能是统一安排的基础教育。而硕士生虽然有导师，但听说由于导师带的研究生太多，实际上相互交流也远远不够，有人戏称为"放羊"。其实我认为建筑教育不仅仅是一种技术性的专业教育，在很大程度上也是一种人才培养的综合素质教育。这两方面对于建筑师都非常重要，很难说哪个在先、哪个在后。换句话说并不是学校里只提供专业教育，而将素质教育放在工作以后来解决。实际上设计院选人也很重视毕业生的综合素质，这方面比较薄弱的学生在工作中会有问题。当然无论专业学习还是素质培养是一辈子的事儿，但在学校打下好基础却十分重要。有时闲聊时总有人说起当年老师说的一句话对自己影响很大，大家都深有同感。回想自己当年师从彭一刚先生，先生的严谨、勤奋的治学精神是激励自己其后设计生涯的最重要的动力之一，而当年具体学了什么知识、技法却似乎记不太清了。所以我认为在某种程度上应该提倡回归或强化师徒关系，把教书和育人结合起来，这会有利于知识和素质的培养。当然这有赖于教学体制的调整，促进师生交流更要求老师们提高教书育人的主动性，而不仅仅是完成教学任务。

3. 素质教育

建筑师是个竞争性、实践性很强的职业，这就要求建筑师有良好的心理素质、交流能力以及一定的社会经验。我们常常看到有些毕业生工作后心理压力大，不能正确地看待自己的创作和团队合作之间的关系；不能接受方案落选的现实，态度变得十分消极。有些毕业生不善于交流、不能把自己的想法很清晰、简明地告诉他人，介绍方案构思抓不住要点，也直接影响到业主对设计的理解。还有毕业生工作多年还是书生气十足，不善于处理工程设计中许多复杂的非技术性问题，尤其在工程实施过程中如何在工地上与方方面面的人打交道，找准自己的位置和立场，的确需要相当的社会经验。所以我想在大学教育当中可否有针对性地开设一些相关心理健康的辅导课，或者结合课程和实践多让学生做一些社会调查，锻炼学生的社会交往能力，同时在这些过程中注意学生的团队精神培养。我自己在院里通过观察发现不同学校在这方面重视程度不同，毕业生来院工作后的适应性是有较大差别的。

4. 理性教育

建筑学是工程学科，但也是艺术性较强的学科。在教育中有许多专业课都在教科技方面的知识，无疑是理性层面的。但是在建筑设计这门主课上理性教育好像不太够，这可以从毕业生工作后出现的问题中看出来。许多人在创作方案时不善于提出问题，也缺乏理性分析的能力。介绍构思时总有一句口头禅——"我觉得……"，十分主观和感性。这往往造成设计缺乏针对性，方案成果也流于一般化、概念化，缺乏特色和深度，更不解决问题。我认为在建筑基础教育中，一定要强调理性教育，不仅要教会学生画表现图的基本功，更要教会他们分析问题、解决问题的基本功，有创意的解决问题是设计的关键所在。记得早年在校读研时，美国哥伦比亚大学来了一批学生研究承德避暑山庄，画出了大量的空间分析图，给我留下了深刻的印象。实际上在教学中开一门建筑分析课，分析一些经典建筑案例，分析一些典型的城市环境也是加强理性教育的有效途径之一。

5. 体验教育

建筑是需要体验的，仅仅从图纸和照片上并不能全面理解真实的建筑。建筑教育中应提倡体验教育。虽然我们每天的生活离不开建筑，但是否用心去体会、用眼去观察、用笔去记述是很不同的。在工作中我们常常发现有不少年轻人在建筑设计中犯一些常识性错误，说明他们对日常建筑的观察体验不够，或者不敏感，而即便有意识去参观优秀的建筑作品时，也有不少人只顾拍照，而忽略体验，回来后只能按照照片说说片断的印象，而对建筑的整体讲不出体会和感悟，错过了学习建筑的好机会。因此，可否在建筑教育中适当加强体验建筑的训练，让学生掌握体验建筑的方法和要领，甚至通过实际体验案例，让学生用图和文字去记录和表达自己的体验。这对于他们今后提高观察和体验建筑的能力十分必要。

6. 继续教育

大学里的建筑学教育是一个基础，也是一个开端。建筑师职业生涯中要面对不同的项目、不同的环境、不同的社会文化背景、不同的业主，所有这些都为建筑师提供了继续学习的机会。而建筑学的发展变化、日新月异的科技进步以及当下低碳减排、可持续发展的潮流，更需要建筑师不断地学习和掌握新的知识、新的技术，跟上时代发展的步伐，使自己的创作与时代同步。这就使继续教育变得十分必要。目前在业界有针对注册建筑师的继续教育计划，但时间、空间有限，许多建筑师还是赶不上机会。其实高校是不是也可以开设相应的培训课程，应市场所需、行业所急，常态般地担负起继续教育的责任，将其作为建筑教育的一个有机组成部分？

7. 合作教育

前不久受邀到清华大学建筑学院开会，讨论联合培养专业硕士的问题。据说教育部已同意将建筑学硕士从以往的"论文硕士"转变为"设计硕士"，就是以毕业设计取代毕业论文，这是业界呼吁多年的大好事。因此建筑学院就想初步邀请几家设计院作为联合培养专业硕士的实践基地，将部分资深建筑师聘为联合指导教师参与到学生的设计选题、研究和设计指导中去。我认为这是双赢的好事。既可以解决前述中的教育的开放性问题，又可以加强建筑师创作的研究性和学术性，更为设计院培养人才、吸引人才提供了很好的平台。虽然在具体合作的环节中还有一些技术细节值得商议，但无疑这个方向是值得肯定和期待的。实际上我们中国建筑设计研究院一直有建筑学硕士研究生培养资格，虽然每年额定的招生人数很少，但也有些特色。特色之一是学生选课可以凭借北京的资源优势，在几个高校中择优选取，接触面广，自主性强，比较容易选到高水平的课程。之二是学生在院内实习，可以根据导师安排有选择地参加工程实践。之三是论文选题往往与工程实践相关，可以利用参与工程设计的机会，更深入地发现问题、研究问题，所以论文相对来讲比较务实，也容易有一定深度。每年毕业论文答辩我们邀请相关高校的教授参加答辩会，都得到了他们的肯定和赞许。我想这也是一种开放式合作办学模式。

以上就是我个人的一些观点。似乎是在评论教育，其实是在检讨自己。虽然毕业已有26年，一直在设计一线工作，积累了一些经验和知识，但自觉干得越多缺得越多，需要学的东西真是太多。我想同行们一定都同意这个观点：建筑师是一个毕生都要学习的职业。在这条漫漫长路上让我们大家共勉！

——原载于《南方建筑》2010年第5期

1999—2009中国建筑创作回顾　REVIEW OF THE ARCHITECTURE CREATION IN CHINA: 1999-2009

Abstract

The World Conference of UIA held in 1999, with its document "Beijing Charter" particularly, is the milestone of contemporary Chinese architecture development. From 1999 to 2009, China witnessed the unprecedented high growth of urbanization. Specific to architecture creation, it not only obtained larger scale and higher quality, but also provide openness international view for market. Therefore, the rising of native design, the diversification and the increasing of technological and environmental awareness are all new trends of this period.

1999年6月23日，世界建筑师大会在北京召开。来自国内外的6000多名建筑师齐聚人民大会堂，聆听《北京宪章》，认真地思考和讨论下个世纪人类建筑的发展走向。这是世界建筑史上的重大事件，也成为中国当代建筑发展的一个里程碑。从1999年到2009年的10年中，我国城市化进程之快前所未有，重大建筑工程数量之多、规模之大前所未有，中国建筑发展受到国际建筑界广泛关注的程度前所未有，中国建筑师迎来了一个前所未有的大好时机！在本次庆祝新中国成立60年中国建筑学会建筑创作大奖的评选中，300项获奖作品中有157项是这10年完成的，在申报和提名的800多件作品中，这个比例更是远远超过一半，足以说明建筑创作之繁荣，成果之丰硕。回顾和总结这一时期的建筑创作，不仅仅是一种历程的记录，更对探索今后我国建筑发展有着重要的意义。纵览这10年的建筑创作，笔者以为可以归纳出以下几个特点。

1. 规模大、水平高、分量重

比较新中国成立以来前50年的建筑作品，这10年建筑创作的一个突出特点就是规模大，这不仅指总体的开发建设量大，也指单个工程、单体建筑的规模，动辄几十万甚至上百万平方米的超级建筑并不鲜见。显然规模大不是简单的面积概念，它势必带来一系列新的功能性和技术性问题，而解决这些问题就需要更广泛的专业合作，更依赖科技的进步和观念的创新。由此引出第二个特点：水平高。这10年的建筑作品较之以往，无论从设计理念、方法还是技术措施，从建筑施工到建筑设备和材料水平都上了一个大台阶，整体水平有明显的提高。可以说有相当多的建筑质量达到了国际先进水平，其中有些重大的项目无疑达到了国际领先水平。第三个特点是分量重。60年来没有哪个历史时期像这10年一样集中推出这么多重大的、有国际影响的、有历史意义的标志性建筑。有些代表了国家的形象，有些成为了所在城市的新名片、新地标，也有的将会载入世界建筑史册，成为国际建筑艺术发展的里程碑。因此，我们可以自豪地说，这个时期中国建筑的发展对国际建筑界来说起着举足轻重的作用，这是前所未有的。

2. 开放的市场，国际的舞台

之所以这10年有如此丰硕的成果，应该说离不开国家的改革开放。政治、经济、文化、社会领域的开放度直接反映到城市建设领域中来。从中央到地方、从政府到企业，越来越多的决策者都希望以建筑的创新来表达改革开放的成就和面向未来的决心。而中国进入了WTO，市场的开放更成为了国家的承诺。更主要的是经济的发展，投资力度的加大，房地产业的繁荣以及社会消费文化的转变也使国际建筑师进入我国市场成为可能。毫无疑问，这10年是中国建筑发展史中从未有过的开放时期，有人说中国成为了世界建筑师的大舞台。浏览这10年的获奖项目，可以显而易见地看到大部分标志性建筑都是由中外合作设计完成的。无可否认，在这些年来的国际竞赛中外国建筑师以其新颖的设计理念和强大的技术实力接连胜出，掌握了创作的主动权。中国建筑师、工程师在与之密切的合作中，付出了巨大的劳动，发挥了积极的作用，承担了重大的责任。但同时他们在合作中也学到了许多东西，从先进的技术、职业的素养，到创作的方法和文化的理念，以至工程的控制和管理的经验，进而大大提高了设计水平，加强了自身的竞争力。近几年来国际竞赛已不再是一边倒的洋设计天下，本土设计师取胜的机会正在呈现上升的趋势，真正开放、公平、多元的竞争局面已经形成。

随着社会各界对建筑创作价值认识的提高，设计市场上越来越多的客户把注意力从初期的选择设计方案转向了选择建筑师上来。他们不再满足于在设计竞赛和方案招标中去选择漂亮的效果图，而更关心谁来为他们设计真实的建筑。建筑师的业绩、信誉甚至人品、素质都成为他们的关注对象，也成为他们选择设计团队的出发点。于是委托设计、定向合作的方式让客户和建筑师坐在了一个更积极、更务实的创作平台上，相互沟通、相互尊重和信任成为建筑创作成功的有力保证。

反过来，建筑师也更加注重个人的业绩积累和职业素养的提高以争取设计市场，这种互动实际上是回归了建筑设计服务业的基本模式，符合建筑创作的客观规律，有利于优秀建筑作品的产生。本次获奖作品中有不少就是这种委托设计的成果。另外，还有的客户以更开放的姿态邀请多名知名建筑师共同参与到项目中来，以相对宽松的设计条件、比较自由的创作空间激发建筑师的创作灵感，以期获得更具创意的建筑作品。虽然这类客户的出发点不尽相同，但不可否认的是这种集群设计方式对建筑创作有着积极的促进作用。近年来相继出现的这类创作活动已经成为了一种建筑现象，得到了业界的关注。

开放的市场带来开放的视野、开放的心态。无论是同台竞技还是学术交流，中国建筑创作的语境已不再封闭，而是放在更国际化的背景下去讨论、去比较，在比较中找到异同，在讨论中收获真知。这十年也是我国建筑创作理论研究很开放、很活跃的时期，与国际有了"同步"的感觉。的确，一些重大项目的抉择曾经引发了激烈的争论，但从学术的立场看，这种争议是正常的。事实上世界上许多建筑名作的诞生也都有过激烈的争议。我想说，许多学者仗义执言的立场和为国为民的责任感应该得到充分的理解和尊重，许多的学术观点应该受到重视，也有待于验证。更何况许多建筑问题也不是纯学术问题，也很难在专业领域中得到最终的解答。但无论如何，说"不"或许更能体现出市场开放的成熟度。伴随着这几座备受争议的建筑落成，那令人难忘的一幕幕将会永久载入中国当代建筑发展的史册供后人评说，其意义十分深远。

3. 全球化浪潮下本土设计的振兴

开放的市场，信息的时代，国际建筑思潮迅速在中国大地上传播。各种时尚的建筑语汇和各种新奇的设计概念满足了当今商业社会的心理需求，于是建筑创作在一片繁荣的景象下也呈现出浮躁的状态。但可喜的是在这种情形下一批建筑师对本土文化的思考并没有停顿，反而在更深的层次上展开，本土设计的立场没变，而是在更多样化的方向上探索和迈进。

从获奖作品中，我们可以看到既有对继承和发展传统民族形式的不懈追求，也有立足于地域文脉和地方营造深入研究基础上的创新，既有在保护和展示文化遗产中表现出的新的历史价值观，也有对不同民族文化特色的潜心学习和探索，还有的更注重对地域自然环境资源的保护和利用，从与自然和谐中寻找本土建筑之路。还应该提到的是在许多"洋"设计中，西方建筑师对中国文化传统的认识，他们独特的视角、敏锐的观察力和具有创造性的表达方式颇具启发性，让我们在继承和创新之间发现了更多的结合点，本土设计之路必将越走越宽。另外，立足地域自然和人文资源的本土设计也将是全国各地尤其是中西部地区建筑师创作的主导方向，应该充分认识到地域特色为建筑创作提供了丰富源泉，扬长避短，在经济欠发达的地方仍然可以创作出优秀的建筑作品。事实上这次获奖作品有不少就来自这些偏远地区，尽管此类项目规模不大，标准不高，但它的创作价值和文化价值绝不比那些超级建筑逊色。中国建筑的真正振兴必将依靠我们广阔国土上优秀本土建筑的不断崛起和健康的发展，这是我们的希望所在。

4. 设计体制的多元化促进了建筑创作的多元化

这10年，国内建筑设计行业真正实现了体制多元化。既有国有大设计院，又有改制后的股份公司；既有民营的中小设计企业，也有合伙人制的专业事务所。即使在国营大院内部，还有专业院、综合所、创作室和工作室之类的不同组成。即便是民营设计企业，也有的迅速发展形成了颇具影响力的超级设计集团。

这里之所以要提到设计体制的变化，实际上是想说明这种体制的变化，对建筑创作的繁荣有着积极的影响。在本次获奖作品中国营大院的作品仍然占据了主导的地位，这一方面是因为其历史长，使得它们在不同的时期都留下了许多优秀的建筑。另一方面也是机会多，无论是政府投资建设的公共工程还是民间建设的大型地产项目，往往首选的设计单位还是国营大院。包括外国设计事务所对本地合作设计机构的选择中，也多以大院为主。其三是大院综合实力强，专业人才济济，能够胜任规模大、技术要求复杂的工程项目。此外，大院这些年经过市场的激烈竞争和合作设计中的培养磨炼，以及内部体制的多元化调整，设计水平和服务意识也有了明显的提高，建筑创作也开始显现出个性化、多样性的倾向，大大提高了市场的竞争力。毫无疑问，国营大院将在未来的一段时间内，在行业中继续扮演主力军的角色。

但是更应该看到的是这些年来民营设计机构的快速崛起为行业和市场带来了新的活力。它们一部分是从国有企业转型而来，更多的是由个体专业技术人员自主成立的设计咨询公司。尤其是越来越多的优秀人才从海外学成回国创业，他们不再满足仅仅作为外国事务所代理人的角色，成立了更具国际水准的设计事务所和教育、研究机构，在建筑创作和建筑教育中发挥了越来越大的影响和作用，设计出一批极有特色的实验性的建筑作品，受到国内外建筑界的广泛关注。有些遗憾的是在这次大奖作品的征集中，由于种种原因，他们的作品申报的很少，有些经过评委提名推荐虽然进入了最后的入围名单，但可能由于时间仓促，资料展示不充分，或者也因为项目的知名度不高，亦或作品的个性带来的学术争议，最终的获奖作品数量更少。反过来，这也说明了我们的行业中体制内外的现实差异，希望在未来可以更积极地互动、交流。无论如何，当今中国建筑创作多元化、个性化、本土化已经成为这个时代的鲜明特征。

5. 科技的进步和环保意识的提高为建筑创作提供了新的可能和方向

当今世界已经进入了信息化的时代，计算机技术在建筑领域中的应用带来了建筑美学的新变化。三维设计、参数化设计产生了新的形式、新的空间、新的视觉艺术，成为越来越多的青年建筑师所追求的方向。而与之相随的施工建造技术的发展和提高，新型的材料和设备的研制和应用，也有力地支持了这种面向未来的建筑创新。在这10年的获奖作品中，大跨度超高层异形结构，新型膜材的大规模使用，新型幕墙系统超大空间的消防系统以及建筑智能化信息系统的出现等，科技含量明显提高成为这一时期的一大亮点。当然建筑的创新不应仅仅关注形式的变化，当下更重要的是对环保节能问题的应对与重视。虽然国家相关法规条例已经颁布多年，绝大多数建筑项目都在严格地监管下实施落实，但如何在建筑创作中更主动地提高环保意识，把环保科技与建筑创新有机结合起来已经成为建筑界开始关注的方向。10年来，各地相继涌现了一大批环保节能建筑，但总体来说，数量还太少，水平也还不够高，在本次大奖评选中这类作品获奖比例太低，与我国建筑发展的总体规模和水平不相称，需要建筑界更加努力。

回顾近10年来我国的建筑创作进程，我们有理由为已经取得的成就而自豪，更应该看到存在的问题和面临的挑战。正如吴良镛先生10年前在国际建协大会上宣读的《北京宪章》中所说："作为建筑师，我们无法承担那些明显处于我们职业以外的任务，但是不能置奔腾汹涌的

社会、文化变化的潮流于不顾。'每一代人都⋯⋯必须从当代角度重新阐述旧的观念'。我们需要激情、力量和勇气，直面现实，自觉思考21世纪建筑学的角色。"记得那天听完这激动人心的报告之后，有许多中外建筑师在午餐时坐在人民大会堂东门外宽阔的台阶上，面对着宏伟的天安门广场，热烈地交谈和议论着，相信在那令人难忘的一刻，一定有很多朋友会想到我们这代人的历史责任。

如今10年过去了，21世纪第2个10年正在走来。在迎接共和国成立60周年的日子里，我再次经过天安门广场，看到早已落成的国家大剧院，看到即将开幕的国家。

——原载于《建筑学报》2009年第9期

学坊随笔　　ON INSIDE-OUT SCHOOL

Abstract

Inside-Out School, is a summer camp held by CADG, the institute which Cui Kai serves. As the principle of the school, he reviewed the processes of planning, establishment, education and final presentation of Inside-out School and gave the initial motivation of the activity that why a business organization, CADG, wanted to give a public benefit education for students and young architect.

一场秋雨终于赶走了暑期的燥热，天气顿时凉爽了许多。似乎也顺应了放松下来的心境，沏杯茶，静静地回味起刚刚忙完的创办中间思库·暑期学坊的过程。

一般来说，学校是育人的地方，设计院是用人的职场，各有各的分工。但这两年事情渐渐有些变化，有些育人的事儿学校希望和设计院合着办，有些课可以让建筑师去学校里讲，当然有不少老师也干起了建筑师的事儿，出了不少好作品。

对我们这个院来讲，之前也干过教书育人的事儿。记得20世纪80年代初恢复研究生教育，就有一批来自不同地方的中青年建筑师拜到我们院老总们的名下，苦读几年，成为行业里的中坚力量，影响不小。只可惜这个事儿似乎只办了一届，没坚持下来。好在我们院有研究机构，后来被上级批准办了一个硕士点儿，无奈每年只有六个指标，规模太小，影响不大，也发展不起来，只是满足于为院里培养几个研究生而已，牵涉的导师也只是院内的老总。

这次提起办学的事儿的，还是几位在一线挑担子干活儿的青年骨干建筑师，他们似乎不满足于为完成产值而忙忙碌碌，还想做些研究，搞些文化层面的活动，自然也提起了能不能办个学，过一把当老师的

瘾？我对这个想法是挺支持的，虽然也担心他们太忙，光想试个鲜，可别误人子弟，把设计院的牌子砸了。但是还是觉得，有这样的心态，也能让建筑师对自己有更高的要求，因为要想教别人，自己就要多读几本书，平时多思考，设计中也要多进行研究。同时，我也希望借此机会推动我们的研究与设计的互动，以往这两个方面融合得不够。另外，我从自身的经验来看，建筑师带学生的确与"纯"老师带的有些不同，可能更关注实际问题，而且我也一直主张在建筑教育中适当地回归某种师徒关系，这不仅客观地反映出这个学科传统的教育状态，也是一些国家建筑师代代传承，不断出新的经验所在。我自己这些年就有这方面的尝试，这几位想办学的青年建筑师就在此列，如今这些弟子们也都在带自己的徒弟，这些情况让我也着实感到欣慰。所以这次他们提出这个想法，也是有一定基础的。

要办学！怎么办？决心下定了就是具体的策划，为此我们多次开会讨论反复商量。其一，学时不能长，同学们已经忙了一个学期，暑假还要留些休息时间为好，暂定二十天。其二，人数不能太多，一定保证教师能与每个同学都有充分地交流、指导时间。而且第一次办，经验不足，人少也好管理，先定二十人。其三，要选好课题，研究方向涉及城市问题、社会问题、传统文化问题、旧建筑改造和利用问题等，比较适合学生选题，而研究和设计的成果可能对项目今后的发展有一定的启发性。其四，课程安排除了设计，也要有系列的讲座，力求在短期内形成头脑风暴的氛围，让同学获得更多的有效信息。于是除了几位设计导师外，我们还邀请了一些院外专家来讲课，面也比较广，有社会心理学方面的，有城市研究方面的，还有家具设计以及艺术和音乐方面的。其五，不收学费，显示企业价值，减少学生负担，并且安排好比较经济的食宿，费用自理。这方面还要特别感谢黄晓华先生，他是西山产业园的开发商，是我们的老客户，同时又是对设计对艺术充满热情的企业家。本次办学从开始策划，黄总就积极参加并爽快地答应在中间建筑项目内免费提供场地和设施，供设计和讲座使用。其六是名字，名不正则言不顺，二十人二十天的短训班显然不能叫学校，但叫夏令营也似乎不够严肃。名字多少应该反映出办学的立意和宗旨，还要有便于识别和记忆的时空概念，既要直接又想多意，的确颇费心思。讨论多次后最后定名叫中间思库学坊。"中间"既是办学地名，又有在学校和设计院之间的双意，"思库"既是英文学校（school）的音译，又表达籍此逐渐建立设计院的建筑文化思想库的含义。而取名"学坊"，这"坊"字既来源于"工坊"

（workshop），是一种汇集思路、解决问题的工作形式，也是传统的"作坊"，暗示劳动和师徒关系，而这些都是我们办学的目的所在。

事情想清楚了就抓紧启动。五月中在院网上发出招生启事，也在几所院校张贴了海报。两周左右报名就达到了100多人，来自国内外十几所院校，还有个别事务所和设计院的青年建筑师也报了名。这期间也收到不少电话和短信咨询，大家虽然不太了解这个小学坊，但似乎对中国院的品牌很有信心，反响比我们预想的要热烈。我们采用集体讨论投票的办法，通过看作品集和个人简历，再适当考虑学校的分布和背景的差异，最终录取了二十个学生。与此同时，实质性的准备工作也开始了，从教室刷房、安装设备到定制桌椅，导师们又凑在一起讨论选题和讲座课表，落实评图专家等。大家为即将到来的学坊忙碌而兴奋着。

7月20日是个周日，北京骄阳似火。学坊在设计院的大门厅正式开学了。看着学生们一张张充满希望的年轻面孔，看着导师们一幅幅严肃认真的表情，就像马上要投入比赛似的有点摩拳擦掌的架势。在领导致辞之后，每个学员和导师们也自我介绍了一遍，还参观了院里的几个工作室，简短的仪式就结束了。下午五位导师冒着酷暑分别带领自己的小组同学去隆福寺现场展开调研，学坊开工了！

在短短的二十天里，微信群里不时传来调研和上课的照片，记录着活泼认真的交流场景，每周几个晚上，西郊中间建筑的小会堂中都会挤满听大课的年轻人，精彩的专家讲座和积极的提问对答总是让大家意犹未尽。这期间碰到导师和助教，他们总是行色匆匆，颇有感叹：真不好说是谁教谁，学生们对我们启发也很大！

这次学坊选择了我们正在做规划设计的一个实际题目——北京旧城中心的"隆福寺传统商业小区复兴改造"。这个题涉及的面比较宽，既要对隆福寺的历史文脉做研究，也要对现状衰败的商业环境进行分析，要牵涉到周边地区的影响和城市交通的关系，也要考虑现状建筑的改造利用以及总体容量的控制，当然还要对未来的商业模式和城市历史文化的传承做出构想和安排。尽管在这短短的二十天里，肯定不可能对所有这些方向做出全面的研究，但还是由五位导师从中选择不同的方向让各学组的设计有所聚焦。第一组张男的题目是"边缘状态——历史建筑的变异性研究"，着重对现存的东城区工人俱乐部老房子及周边环境进行研究、改造；第二组吴朝辉的题目是"里外之间——隆福寺街区公共性导向"，重点研究在商业街区中的公共空间营造；第三组柴培根的课题是"寻常生活——传统街区改造的社会性观察"，主要对周边胡同民居在商业复兴中的衍生变化进行分析和推测；第四组于海为的课题是"微创手术——隆福寺街区的微空间临时性利用"，其关注重点是传统商业街中的私搭乱建的内在逻辑和合理需求；最后一组是徐磊指导的，其题目是"打通壁垒——隆福大厦的城市回归"，显然是对现状庞大的隆福大厦空间形态如何重新融入传统街区做些改建研究的尝试。这些题目总体来说比较开放，这种开放一方面意味着设计并不仅仅是专业的创作技巧更包含许多社会学问题，另一方面也意味着要确定设计的具体题目，需要学生们根据大题目的方向和观念，自己去现场里寻找、去发现，而不是在课堂上老师们指定的。显然这样的设定带来两个问题：一个是大家都花了许多时间，多次在现场观察、调研，因为没找到题目就难以动手设计；另一个是习惯于课堂的学生们，对这种自我定题目的设计有些不适应，总是拉着导师讨论，这也导致师生之间更多的互动，而这种情况在学校不太容易出现，对学生们来说，有压力但也有新鲜感。

我想同样有些新鲜感的可能是公开课。为了充分利用好这短程的学坊时间，开拓学生们的视野，我们预先邀请了院外学者和执课导师为同学讲一课。第一讲请到中国社会科学部心理学专家杨宜音老师来讲"理解城市——社会心理学视角"，她从社会人群关系、群际行为、社会类别等基本观念讲起，进而引入城市的产生和社会构成特点，当下城市社会热点问题等，深入浅出，成为同学们观察隆福寺街区的有效工具。第二讲是柴培根和徐磊，主题是"观念与逻辑"，小柴重点讲观念的概念，结合自己的几个工程案例，将设计看作是一种从形式的直觉到意义的追问；而徐磊重点讲"逻辑"，主要用理论性的轴向表述，将之描述成是时间信息类与类之间有效不变的先后变化关系的规则，虽然听上去比较费解，但从同学们课后的反映来看，受到他们讲课的启发还是不小的，比较耐人寻味。第三讲是我主讲的"本土设计思想与实践"虽然我近几年多次在学术会议上讲过，但这次更注意从工程实际的角度，较为深入地解释创作构思的内在逻辑，更注意与同学互动，针对同学们的提问进行讲解，希望对他们有所启发。第四讲是来自北大的方海，他从芬兰建筑设计说起，讲到建筑生态与家具设计的关联性，不仅有人体尺度的把握，还有生态科学的研发和使用。第五讲是车飞老师讲"社区转型"，结合他对北京城市空间社会性的研究，系统地分析了北京从四合院到当代社区转型中的得与失，显然这个题目对隆福寺改造和保护有着直接的现实意义。第六讲是王昀老师讲"音乐和建筑",他以独特的视角、幽默的语调为同学们带来了一堂生动的空间构成课,被许多同学选为最受欢迎的课。相比而言中间美术馆艺术总监周翊先生的讲座更有错位感,不仅是因为他在金台路地铁站内用变形和错位的镜面墙体让匆匆行走的人有种上下分离的状态,也在于对当代视觉艺术的创作进行深度解读时会有一种难以言表的晦涩。于海为和张男讲的是"策略与方法",海为的所谓设计策略是在不同语境下的建筑解题,结合若干案例介绍构思的切入点和现实性的操作,而张男的设计方法尝试借鉴认知心理学的启发式策略,结合案例解析设计的问题处理和资源组合过程,试图在本土设计框架下寻找理性推导的方法。

高强度的调研分析和高强度的公开课,使同学们经历了高强度的信息轰炸和经验更新,观念上的丰收是否会带来设计的提升却仍然是个未知数。听说他们由于压力大、时间紧,在最后几天连轴加班,甚至已没有时间去中间建筑的教室,纷纷躲在宿舍或导师工作室的角落里分秒必争地做快题,导师们的作用也早已从指导转变成督战,大家都为最后的评图而努力。

为了提高学坊的学术价值,也为了客观评价学生们的设计成果,我们采用了公开评图的方式,允许院内建筑师列席旁听,特邀都市实践的王辉、天津大学建筑学院赵剑波老师、超城设计的车飞老师、本院汪恒总建筑师及我本人和五位导师出任评委。指导老师先介绍题目要点,每个同学一一介绍自己的设计,并回答评委的问题,气氛紧张而活跃,各组同学相互帮忙,显现出积极合作的状态。评委就设计和答辩情况即时写下评语。从事后同学们的反馈意见中可以看到,他们对评语非常重视,感到十分中肯,答辩回答让他们收获很大,可能这也是在学校中难以碰到的机会。当然在这样的问答中,我也能感到评委们对导师们设置的题目也有些不同的看法,有人认为还是太观念化,使这次的设计成果与学校里的设计课作业有些相似,或者说差距拉开的不够大,工程设计的特色不突出。这也是我们应该反思的,同学们把我们当建筑师,而我们太把自己当老师了。我希望利用学坊的机会多思考观念性问题,从现实设计中提升出来,而人家可能更希望我们更务实,更多传授实践中的设计方法,这中间多少有点儿错位,或者说有点儿"在中间"的状态。

无论如何,结业的时刻就这样很快到来了。距离开学二十天后,我们又一次坐在设计院的大厅里。与开学那天怯生生的状态不同,大家都像好朋友一样依依不舍,几乎所有人在谈收获时都提到了友谊,二十天里朝夕相处,一起听课,一起调研,一起吃饭,一起讨论,一起做设计,不仅仅是同学之间,导师也成了他们的好兄长、好师父,同学们在夸奖他们的导师时所流露出来的真情让人羡慕,也让我感动。的确,我并不认为他们在短短的学坊中学到的知识能够对他们今后的事业有多大的帮助,但我愿意相信并且希望这二十天建立的师徒之情、同学之谊能够保持长久,这二十天的时光能够给所有的人留下美好的回忆。

当我们迎着正午的阳光拍完"全家福",当各组导师和他们的弟子吃完散伙饭,当一张张作业展板静静地排列在大厅里,第一次中间思库·暑期学坊就真的匆匆结束了。在这个匆忙的社会中,学习也像一种快闪,一下子来了,一下子又消失了,快得都有些不真实。只是当我们再次翻看着同学们发来的一篇篇反馈的建议书,当我们组织者和导师们再次聚在一起聊聊心得、算算得失的时候,我才觉得这事儿还没完,明年怎么干?

面对设计院办学这件事儿,一切也刚刚开始……

——原载于《世界建筑》2014年第10期

本土设计的思考与实践
——直白的真诚

STRAIGHTLY AND SINCERELY:
THINKING AND PRACTICE OF THE LAND-BASED RATIONALISM

Abstract

In the open class of the "Inside-Out School", Cui Kai explained his thinking and practices of the Land-based Rationalism in an easy way. He answered the questions raised by students and young architects about the core concept of his theory, such as the differences between the Land-based Rationalism and the Regionalism, the attempt of architect to improve the quality of urban space and the time-efficiency of the theory.

在首期"中间思库·暑期学坊"的公开课上，崔愷没有沿袭学术报告的常规模式，而是以问答的形式开始，与学坊的学员和听众交流对本土设计理念的理解，同时也回答了业界对本土设计理念的一些疑问。

主持人 柴培根：作为跟着崔总学习工作了十七年的学生，我不想把崔总当成一个院士、建筑大师，而是想从一个普通人的角度向大家介绍崔总。崔总是一个很有责任感的人，无论对项目、对业主都尽职尽责，同时对这个行业和社会也抱着强烈的责任感，这种宽广的胸怀和视野，使他总能以创意设切中项目要害，获得良好的人文、社会效果。无论对师长、同事还是晚辈，崔总的为人处世总是充满真诚。这种真诚也体现在他的设计中，他不喜欢用故弄玄虚的方式做事，总是以大家能够理解的、朴素的语汇讲述道理，这正是他设计的智慧。正是这样一个充满责任感和真诚的人，提出了"本土设计"理念，创作出众多精彩的作品。

崔愷：本土设计，是一个太普适的道理，也有一些理论家认为这没必要说，严谨来说不能成为一种新的理论。事实上，我并不在乎它是不是新，是不是原创，甚至也不想提及我提出了这个理念，这些完全不重要。重要的是这样一种态度，这不是一个人或一个团队风格，而是想说明我们不需要惧怕传统文明带给我们的包袱，也不需要去重复我们的前辈把民族形式当成必须肩负的责任的设计方式，而是可以用一种轻松的愉快的心情去创作新的建筑。

提问1 王子昂（中国建筑设计研究院研究生）："本土设计"与"地域建筑"理论有什么差异？

崔愷：这是一个会被经常提及的问题。在欧美国家主导的国际建筑发展认识中，存在一个从两河流域到埃及到希腊，再到罗马、哥特等至今的主流发展脉络，以《弗莱彻建筑史》曾经采用的"建筑之树"最有代表性。地域主义在这条脉络中的出现，是介于现代主义和后现代主义之间的一个分支，代表了一些建筑师对地方文化和遗产进行再创作的现象，通常被认为是国际建筑主流之外的支流现象，主要集中于印度、埃及、墨西哥、巴西等尚未发展起来的地区。

我提的"本土设计"，则不愿意建立在这样的语境下。换句话说，当今的中国，已经是世界建筑发展的重要舞台，在大量建筑快速产生的过程中，我们面临的问题不可避免要受到全球化的影响。在这个背景下，不是所有的人都自发地要去传承5000年的文化和历史。比我年长的前辈，在很多年间试图捍卫传统，找一条属于中国的道路。但改革开放后，随着设计领域市场化运作的展开，这种坚持就像一条被迅速冲垮的堤坝，再也无人提及。市场的需要成为建筑发展的指向标，需要欧陆风，欧陆风就来了，需要简约主义，简约主义也来了。建筑的发展变成了市场需要下以吸引眼球为目的、以营造概念为手段的"全球化"——当然建筑水平仍然与国际趋势有很大差别，更多呈现为功利主义引导的模式。中国建筑师基本上是被动地在开发商和政府主导下做设计。其间，也有大量国外的明星建筑师来到中国做设计，带来了明星制的建筑创作模式。

在这种情况下，我们不能把中国看作"地域主义"环境，我们早已失去土地带给我们的丰富资源；同时也在不知不觉中成为国际化建筑设计竞争的战场，很难再用地域主义去描述它。当然，有一些建筑师在乡村做了富有人文关怀的设计实践，具有典型国际地域主义的特点，但这些东西又有点过于地域化、乡土化，不能够代表我们当前这么多、这么大的设计上的问题。

所以我提出"本土设计"，想的是我们所谓"主流建筑师"的策略究竟应该是什么？我们不太认同被引导的商业化的创作；也不太认同只有外国人才能引领我们走向中国建筑的未来；当然，我们更不可能放弃城市的工作，全部去做乡土的东西，那不能解决我们面临的严峻的城市问题。

大量性的建造是否也能和土地、和文化、和环境很好地结合起来？这是我的初衷。用简单的话说，我希望立足本土的理性主义的立场能够在中国逐渐被大家认同，无论它具有什么样的名字，它代表的应该是一种多元化的、开阔的发展道路，不能呈现出大城市全球化，只有乡野存在地域主义的状况，那不是解决中国建筑问题和城市问题的好办法。

王子昂：那么是不是说本土设计主要是和文化相关的？

崔愷：我恰恰也想纠正这个提法，我每次讲"土地"，首先讲到的是自然。土地，既是自然的土地，也是人文的土地。以往国人谈的过多的是文化，一说本土，想到的就是传统形式——当然传统是我们不能回避而必须要认真传承的，但是中国还面临着自然环境中严峻的生态问题。因为技术条件的进步和投入成本增加，很多建筑将所有问题都诉诸人工手段解决，其实在无形中破坏了自然，或是并不在意自然的价值。

王子昂：这样说来，本土设计与台湾建筑界常提到的"在地建筑"是不是有些类似？

崔愷："在地建筑"在建筑和场地的联系上确实与本土设计理念有很多一致的地方。但就我个人与台湾建筑师的交流来看，他们语境中的"在地"，给我的感觉主要是延续了建筑的场所精神，不是特别强调形式、生态和环境的问题——也可能台湾这些方面的矛盾没有大陆这么突出。所以他们提到在地建筑，主要是讲如何通过建筑设计再现场地上的场所精神。而我们所说的立足本土的理性主义，涵盖的内容会比这个要宽泛一些。

提问2 陈欣（中间思库学员）：据说扎哈·哈迪德曾说过一句话："如果旁边的东西是屎，我凭什么要和它协调？"不去评论这话是否带任性的成分，如果说建筑师可以通过设计控制建筑的文化和空间，但在城市环境并不理想的情况下，该如何通过单体设计去改善？

崔愷：建筑界确实有很多人对扎哈这话愤愤不平，我本人也不认同这个说法。她用"屎"来描述她的创作环境，但她提供的也不过是个漂亮的屎——她的建筑语言就有类似的形象嘛。我们可以用破败、保守、沉闷来形容现有的城市环境，但不能用"屎"。

严肃地说，我们所谈到的立足本土，既有对场地周边环境的判断，也有对地区人文精神的判断。比如在北京，我们有故宫——扎哈不会把这个当成屎吧，我们有传统的城市结构——虽然和现代生活有所矛盾，仍然值得我们自豪。通过这些还不足以判断应该在北京做什么吗？我觉得这应该是很清楚的。即便你的地段旁是垃圾站，是棚户区，但你在北京做设计，就要有这里的人文精神、城市精神。

破败的城区仍然有值得尊重的文化线索。我参加过关于深圳改革开放以来建筑发展的研讨会，不少同行都提出，寻找深圳当代的建筑文化遗产，必须提及它的"城中村"。城中村本身是拥挤、混乱、充满趣味的，是城市发展中阶段性的结果。但农民作为城市中被排挤的一员，在自己的土地上用最简单的办法争取空间，给城市底层的年轻人提供住处，这就是他们对城市的贡献，而且是在没有政府主导的情况下自然生长的，我认为它确实具有遗产的价值。

以这样的立场出发，我认为扎哈的说法是不负责任的。一个项目肯定有积极和消极两方面的因素，创作就是要改善环境，不是为了成就个人的作品，而是要对城市有善意，让城市的价值有所提升。当然扎哈的话可能是她回应别人批评一时激动的话语，我也觉得她有些作品与环境还是很协调的，比如罗马MAXX艺术博物馆，和她在北京做的项目就很不一样，她在中国还是有些趾高气扬。

提问3 潘卡林（中间思库学员）：本土设计和设计的中国性有什么关联和区别？比如日本当代建筑并没有过多顾及传统，非常"当代"，但人们一看就会觉得很有"日本性"。而当代的中国建筑师虽然都关注"中国性"，但做出来的很多仍然是符号化、表象化的。有人也许会说，你是个中国人，你做的设计自然就具备了中国性，但我觉得这样的想法是懒惰的。

崔愷：当我们谈到中国建筑，会想到用什么来代表中国性。我们的老一辈建筑师曾经为民族形式和现代化的关系探讨多年，核心的目的就是不希望在现代化的过程中失去民族性，也就是中国性。我提出本土设计的想法，目的有很大的不同。"中国性"确实太大了，什么能够代表中国？世博会中国馆？在那个历史性大事件中，它或许真的能代表中国，如此宏伟，凌驾于所有场馆之上。但是我们并不能让所有的建筑都用这样一种事件来定义。

当然，大部分中国土地上的建筑在外国人眼中都呈现出类似的特质，也许就是他们眼中的"中国性"：比较简陋，比较没有想法，比较快速……但是从设计上讲，我不太认同有一个所谓的"中国性"，因为建筑的差异性太大。我讲"本土"是希望讲得很具体，场地是在上海，还是在北京？在北京是在西城还是东城？这些因素很不一样，产生的结果也会是不一样的。本土，应该非常具体，能够直接引导建筑和场地的关系，它与宏大的理想有关，但不是直接用某种具体语言定位的。

其实我们对外国也并不了解。我们看到近邻日本的东西会说"这是日本的"，但我们不能通过建筑表达看出它能否代表所在城市的特质。要了解不同城市的差异性，需要深入了解当地的历史和文化。日本建筑确实是很好的学习榜样，只是我们可能并没真正了解日本建筑，只能说看上去像印象中的"日本"。

我认为，在没有找到一个大家公认的"中国性"的建筑语言之前，还是应该立足土地，立足场所，创造出一个具体的建筑，改善我们的人居环境，获得更好的建筑质量，而不是马上找到一个抽象的"中国的"概念。这样也许很多年后终有一天，大家自然而言地发现"这就是中国建筑"。

提问4 史鑫辰（一合中心建筑师）：我们可以用一种谦卑的方式把属于那片土地的设计呈现给甲方，但如果掰开了揉碎了和甲方摆事实、讲道理还得不到认同的话，您会怎么处理？

崔愷：建筑师盖自己的作品花的不是自己的钱，所以必须学会说服别人。需要说服的往往还是一群人，政府、开发商、施工单位……这些都是建筑师不能回避甚至不能选择的。现在很多开发商的眼界比建筑师要开阔，可能对他的社区有过专门的研究，也看过很多实例，政府官员也往往去过很多地方。尽管我们有专业技术和知识，但在沟通中并不存在优势，如何让业主满意？就需要认真研究业主的需求，在研究的基础上找到比业主能想到的更好的办法，是其中的关键。

沟通需要由衷的倾听，不是表面客气，而是要弄明白业主想要的，提炼其中合理的因素。这其中有个技巧："您刚才说的这点真好！"经常保持表扬是很重要的。这不是人际关系的虚伪，而是让他更能接受你的观点，以理解换取理解。我这个人比较愉快，坏事记得不清楚，总是想好的地方。我对我的业主总保持着良好的记忆，也变成了很好的朋友。虽然画图辛苦，我仍然希望建筑师都能比较愉快，用愉快的心情面对客户是非常重要的。

提问5 郑星（中间思库学员）："本土设计"是您在中国这样大量性建设的背景下提出的，而我们知道，现代主义先驱在他们那个年代提出的很多理论，在今天已是水土不服了。100年前日本曾经通过形式化的"和洋折中"去表现日本的民族特色。但今天日本建筑则以抽象化、哲学化的方式去体现民族特性。那么请问随着中国城镇化的发展，当前的时代背景变化后，本土设计理念是否还具有时效性？

崔愷：日本建筑是我经常提起的参照，同属于东亚文化，他们从中国汲取营养，形成日本独特的系统，并在现代发展中逐渐走向国际化。他们在明治维新后，大量采用嫁接的方式，把日本的文化符号放到西洋古典建筑上去，建筑做得很重。但他们早已不再重复这种语言，特别是近年来伊东丰雄、隈研吾和妹岛和世等提倡的"弱建筑"，非常"日本"。日本自古以来就提倡用最少的建筑材料、最轻的结构和最简朴的方法来建造房屋。他们采用现代技术，回归到日本特有的"轻"和"极致化"，可说是一种巧合：日本的民族传统和当代技术发展以及当前从生态角度出发减少材料使用的潮流产生了契合，最传统和最现代的因素在哲学意义上统一起来，这也是日本建筑越来越得到国际认可的一个重要原因。

那么中国建筑是否会在某一天符合国际建筑发展的潮流？同时这样一种潮流又能让我们发挥中国传统建筑的精神？好像有点过于遥远。我们的传统木构建筑比日本的复杂，在辽阔的国土上有不同的地域、气候和宗教文化，这样的丰富性是中国建筑不同于日本建筑的地方。

讨论中国建筑发展，我个人一直对民族形式的现代化问题感到困惑。日本早在三四十年前，已经在木构建筑形式转换为现代语言方面做了很多工作，让我们觉得好像没有继续的必要了。但是如果谈"本土设计"，我又感到放松，把这问题忘了：每一个地方都不一样，我们不需要跟着日本人去做，而是应该结合我们的需要去做。我们可以使用人类共同的技术成果与我们的在地文化结合起来。如果从这一点看来，可以利用的资源相当丰富，也避免了总是追着别人前进的方式。这样的方法也是开放性的，也不局限于时代的特点。"本土设计"包含了时间的维度，时间对本土文化的影响沉淀其中，是一个不断发展，具有弹性，可以有不同解读的方式，也无所谓过时。建筑，和土地有不可分割的联系，这样的道理，无论用什么方式表述，在看得见的未来都应该是有效的。

新型城镇化与绿色建筑新理念　　NEW TYPES OF URBANIZATION AND NEW IDEAS ON GREEN BUILDINGS

Abstract

There is no doubt that energy saving and environment protection have already become the Chinese national strategy and we have kept up with our national counterparts in ideas, technology and standards. But there are some issues and deviations that we should pay more attention to. It is more important to set up a core value concept of building conservation-minded society, and design an environmental friendly human settlement with proper technology, economical design strategy and practical design basis. Here I suggest four strategies: more renovation, less demolition; more natural consideration, less artificial methods; more compact configuration, less Sprawl; more Ecology Ideas, less decoration.

经过三十年来的快速城市化，中国先后出现了环境污染和能源问题，成为今后经济发展的瓶颈。毫无疑问，当今节能环保绝不再是泛泛的口号，已成为国家的战略和行业的准则。一批批新型节能技术和装备不断创新，一个个行业标准不断推出，一个新盛的节能技术和材料产业快速发展，一些绿色节能示范工程正在涌现，可以说从理念到技术、到标准基本上与国际处于同步的发展状况。

但应该指出的是这其中也出现了一些问题和偏差值得警惕。有不少人一谈节能就热衷于新技术、新设备、新材料的堆砌和炫耀，而对实际的效果和检测不感兴趣；不少人乐于把节能看作是拉动经济产业发展的机会，而对这种生产所谓节能材料所耗费的能源以及对环境的负面影响不管不顾；不少人满足于对标、达标，机械地照搬条文规定，面对现实条件问题缺少更务实更有针对性的应对态度；更有不少人一面拆旧建筑，追求大而无当、装修奢华的时髦建筑，另一方面套用一点节能技术充充门面。

另外，对不少频频获奖的绿色示范建筑也有人正在做后期的检测和评价，据说结论并不乐观，有些比一般建筑的能耗还要高出几倍，节能建筑变成了耗能大户，十分可笑、可悲！

我认为更重要的是要树立建设节约型社会的核心价值观，以节俭为设计策略，以常识为设计基点，以适宜技术为设计手段去创作环境友好型的人居环境。

策略之一，少拆除多利用，延长建筑的使用寿命是最大的节能环保。
策略之二，少人工多天然，适宜技术的应用是最应推广的节能环保。
策略之三，少扩张多省地，节省土地资源是最长久的节能环保。
策略之四，少装饰多生态，引导健康的生活方式是最人性化的节能环保。

以回归自然、绿色生态的理念来看，我们还有许多大事应该办还没办，甚至还没有意识去办。

比如我们是否应该在城市发展规划之前先有一个生态环境规划，目的是保护我们城市生存的生态安全底线不能突破，这个规划的级别应该大大高于城市规划，立法后，不容更改，不容侵犯！

比如人们的一系列用地规划和建设指标是否应该重新审视，以节约土地，提高效率，缩短距离、控制交通量，以及保持城市的宜人尺度和环境为目的，根本转变以发展经济、经营土地为目的的急功近利的消费主义规划倾向。

比如我们对城市的现有建筑资源应该充分利用，延长寿命，而不是仅仅保护那些文物建筑，应最大限度地减少建筑垃圾的排放，并为此大幅提高排放成本，鼓励循环利用，同时降低旧建筑结构升级加固的成本，让旧建筑的利用在经济上能平衡甚至合算或者有利可图。

比如是否应该重新回到合理的建筑成本控制，以全寿命周期来考量经济的合理性，尽早杜绝最低价中标的自欺欺人的愚蠢政策，以为子孙后代负责的态度看待今天的建筑价值。

比如是否应该从生产建材的起始端去严格控制污染源，而不是从末端告诉使用者本不该费心的防范技巧。

比如是否应该修订一些会造成浪费的施工验收规范，让土建和装修顺序衔接，而不是先拆后改，产生大量本可以避免的建筑垃圾。

比如对建筑立项严格审查规模和标准以及造价控制，并以此为依据选择实施方案，而不是相反，先定方案再压投资或者成为"钓鱼"工程，使建筑的质量难以保证，更会影响绿色新技术、新理念的实现。

比如应该重新审视我国建筑行业的体制，把责、权、利更合理地回到设计师，让内行真正地主导设计，控制质量，对建筑的可续性负起全责。

少一点美学，多一点伦理！
少一点浮夸，多一点理性！
少一点名利，多一点责任！

　　　　——"中法可持续城镇化发展学术探讨会"（2014年11月17日）演讲稿

关于北川新县城建设的点滴心得　　ABOUT THE CONSTRUCTION OF THE NEW COUNTY SITE OF BEICHUAN

Abstract

As the only off-site rehabilitated county seat after the earthquake, new county seat of Beichuan is applied with an unconventional aiding mode for its site selection, planning, design and construction. CADG is one of the main forces to help the reconstruction under the guide of CAUPD, especially in the architectural design and construction phases. The new town, equipped with compact and suitable planning and ethnic style buildings, provide a soothing and pleasing home for citizens after the dreadful disaster.

我写这篇短文首先是要对中国城市规划设计研究院表示敬意！在李晓江院长的带领下，一大批规划精英战斗在抗震救灾的第一线，一干就是好几年，从北川新县城到玉树，再转战舟曲，为灾区的重建付出了辛勤的劳动，值得钦佩！其次是想对北川新县城规划的模式表示赞同！规划师们不仅深入现场认真调研，也不仅画了精美的蓝图，制定了详细的导则，更花了大量的时间和精力亲自控制和执行规划，形成了全过程规划设计管理，这应该是一个创举，也将成为一种值得推广的成功模式。其三是结合自己参与北川新县城建设的过程谈一点个人不成熟的体会和思考。

记得两年多前，北川新县城开工建设初期，中国建筑学会在绵阳组织了一次座谈会，讨论北川新县城建设的风貌控制问题，与会专家各抒己见，我也就几个问题谈了自己的看法。之后由于主持设计了羌族文化中心项目，先后数次到现场，直到今年为编写《建筑新北川》一书看了摄影师张广源拍回来的大量建成照片，一直在观察和琢磨，将当初的设想与现实状况进行比较，是一种有趣的回味，也是一种有意义的反思和总结，冒昧写出来，与大家交流。

1. 关于城市尺度

国内这些年在城市规划建设上普遍求大，大马路、大街区、大广场、大轴线似乎成了定式。但这次北川新县城的规划注意到了小，总体格局紧凑，路网较密，路幅不宽，街区不大，广场和绿地规模适宜，不仅体现出节省用地的理念，更突出了北川新县城是小县城的尺度感。尤其看到建成后的许多城市设施方面比较精致到位的细节，更给人以宜人亲切的感觉。相比较在建筑方面，有的项目设计还是比较夸张，可能是已经习惯了"大"的追求，到了小县城也放不下架子，与规划的尺度不够协调。

2. 关于城市风貌

现在大家总在说"千城一面"，城市特色缺失，所以在北川新县城建设中要求体现羌族特色，甚至提出"羌！羌！羌！一羌到底"的口号。虽然有点儿绝对，但可以理解。但其实真正的羌族特色只留存在山上的羌寨中，连震毁的老北川县城中也不明显。而要在这开阔的平原上去建一个羌城不太容易。于是执行起来，各个项目建筑师都往建筑身上贴羌族符号，生怕不够味。虽然每人做法略有不同，但呈现出来的效果大同小异，总的感觉比较拘束，有一种受到限制的感觉，并非发自内心的表达。另外符号成了立面装饰，与空间和建构逻辑没有关系，看上去也显得假，容易落入旅游风情建筑的俗套。如果用更积极、更开放的态度来引导建筑师，可能效果会更好。实际上后来大家也意识到了这个问题，部分建筑形式没有刻意装饰，稍显放松，也形成了一点多元化。但不足之处在于除了装饰之外，对反映地方特色的其他方面的思考明显不够，比较一般化。

3. 关于建筑色彩

在短期内同时完成一大片新建筑势必与历时数十年生长出来的城市景象不同，缺少日晒雨淋风吹雾浸所留下的时间痕迹，怎么也显得新，显得单薄。我曾提出多用一些天然材料，如片石，竹木之类的，本身就有一点儿自然侵蚀的印迹，另外也会较易变旧。外墙涂料也不应色彩过亮，过于一致，应注意有一定色差，有不同的肌理和处理方法，还可以利用垂直绿化，多种"爬墙虎"，削弱大面积墙面的单调感。中规院朱子瑜副总规划师和他的团队在色彩控制方面狠下了一番功夫，还多次请专家现场指导，大体上的效果还是可以，只是有少量几个建筑"火爆"了一点儿，看上去有些扎眼，可能是使用单位比较坚持。的确，如今大家都喜欢亮丽，让谁为了全局的效果选个"自来旧"也难。

4. 关于留空儿

再小的城市也难一次建成，有机生长才是城市生命的体现。规划中也考虑了分期发展的问题，哪些一次援建解决，哪些将来随着需求再增建，充分留有余地。但可能是由于规划结构比较严整、紧凑，所以一留白就有些缺苗断垄的感觉，有些街区看着就比较零碎，不够完整。另外，许多生动的小城村落之所以鲜活，有情趣，还在于有许多私搭乱建，出现了偶然性和随机性。但我们今天的城市和建筑似乎不敢开这个口，管还管不住呢，放开还不乱啦？的确现在私自搭建的总是乱象百出，质量差，效果肯定不好。但我想若是不要管得太死，有指导有控制地允许一些小规模的扩建行为，会不会那种生长的感觉就更有意思了？当然操作起来还是很难把握的，有待社会的成熟程度。

5. 关于人气

一个城市最重要的是要有人气，才有活动。张广源为拍照片一趟趟去现场，我嘱咐他拍些有人活动的照片来，体现北川新县城的活力，但他每次都失望地告诉我这城里怎么没人啊？让我也感觉有点儿奇怪，想一想，可能是入住的居民还不多？许多城市功能还没正式启用？社区的活动是不是还缺乏组织？当然这些似乎都不是硬件问题，是需要政府和社会学者去解决的事儿。但我也想，在许多城市，老百姓往往喜欢去那些简易的、方便的、随便的地方活动，像街边的早市，拐角处的小花园，向阳处的墙根下，树下的石桌旁，四川的老百姓更喜欢聚在一起打麻将、喝茶、摆龙门阵。但北川新县城对他们来说可能太新了，会不会有一些陌生感？可能太干净漂亮了，会不会有点儿不自在？可能太正式、太整齐了，会不会有点儿不自由，不亲切了？总之，可能说明我们在规划设计中对这种细微的百姓心理还不够关注，城市环境的设计还不够放松。其实我特别相信百姓的智慧，一旦他们熟悉了这里，他们就会创造性地利用甚至改造这个环境，换句话说，环境设计的适用与否必将要经受平民百姓生活的真实检验，而绝不是领导视察时走马看花的评价为准。城市是真实的，城市是有生命的，当援建的大军陆续离开，当规划的成果变成了现实，当北川新县城像一个新娘子装扮得漂漂亮亮静静地等待着北川的老百姓时，城市的大幕才算拉开。

——原载于《城市规划》2011年增刊2

文化的态度
——在中国建筑学会深圳年会上的报告

ATTITUDES FOR CULTURE:
A SPEECH ON THE ANNUAL MEETING OF THE
ARCHITECTURAL SOCIETY OF CHINA IN SHENZHEN

Abstract

After the word "no more weird architecture" was widely circulated, suggested by President Xi Jingping, the ecosphere of architecture in China has changed. To gain Chinese cultural self-consciousness becomes a real important issue for architects. In Cui Kai's opinion, for architects, the best way is not to attach some traditional forms to our design, but to treat architecture design with a humble and harmonious attitude, which is the most remarkable feature of traditional Chinese culture.

2014年对我们建筑设计界来说是个重要的阶段。2013年底中央城镇化工作会议精神发表就引起了业界广泛的关注，2014年9月初习主席在内参清样上的批示更引发了热烈的反响，大家都感到这是改革开放以来从未有过的，甚至可能会超过20世纪60年代初刘秀峰部长的文章对全国建设领域的广泛影响。近几个月来我参加了一些学术活动，大家凑到一起都会议论这个话题，但我也发现由于习主席批示没有正式传达，不少人只是从各种渠道听到只言片语，容易产生误解，所以我想利用这个机会把我从前辈那儿看到的批示复印件非正式地展示一下。

习主席批示：城市建筑贪大、媚洋、求怪等乱象由来已久，且有愈演愈烈之势，是典型的缺乏文化自信的表现，也折射出一些领导干部扭曲的政绩观，要下决心进行治理。建筑是凝固的历史和文化，是城市文脉的体现和延续。要树立高度的文化自觉和文化自信，强化创新理念，完善决策和评估机制，营造健康的社会氛围，处理好传统与现代、继承与发展的关系，让我们的城市建筑更好地体现地域特征、民族特色和时代风貌。

我看了这段批示后很有感触，再次被习主席对当下建筑现象的这么专业、深入和到位的点评所折服，也真心希望在习主席的批示指导下，从政界到商界，以及到业界都会有一个大的转变，让我们期盼已久的建筑创作的新局面早日到来！

不过，在和一些朋友交流时也能听到一些不同的反应和担心，大多围绕着"文化"的问题有不同的理解，所以我今天想借此机会讲讲我个人的一点不成熟的想法，与同行们分享，请大家指正。

针对习主席提出的"文化的自觉和自信"，我觉得目前大概有三种态度。第一种态度可以叫作：振奋。就像我刚才说的自己的感受，很多同行反应都很积极。而且近来我们的行业管理部门也行动起来了，住房和城乡建设部多位部长、司长到设计单位调研，约见专家专门听取意见，让大家写专题报告，准备开高层次的座谈会，行动之快，动静之大，好像是从来没有过的事儿，让我们有点儿受宠若惊的感觉，当然我相信这些工作是很认真的，一定会出台一些新政策和新机制来落实主席的批示。另外在和一些政府甲方和开发商的项目接触中，似乎大家说话的语境和氛围也和以前有些不一样了，喜欢讲文化传承，别搞"奇奇怪怪"的建筑之类的，似乎价值观一下就转过来了。有些政府主管部门也开始组织专家来梳理和提炼文化的特色要素，希望很快形成有可操作性的推广办法和控制标准，早日见到"文化自觉"的成效。于是由此引起了第二种态度：疑惑。持这种态度的人很担心习主席一提文化自觉自信底下就要刮仿古风，又要退回到过去民族形式、社会主义内容的老路上去，不符合当代建筑的发展方向。同时他们珍惜这些年开放的创作平台，虽然也都抱怨市场上崇洋媚外的风气，但也在竞争和交流中熟悉了国际的建筑语境，提高了设计水平，甚至找到了自己个性化的创作风格，所以特别担心一管就管死了，走到了事情的反面，变成了另一种长官意志和行政干预，不利于建筑创作的百花齐放。虽然我能理解这些同行的担心，但我也觉得在这个大好形势下这种消极的情绪会使我们失去难得的历史机遇。我想除了前面这两种态度之外，还可以有第三种态度：思考。实际上我们每每提到文化都确实有些急，总是马上联想到什么是文化的形式？传统的还是现代的？实际上我们应该认真想一想文化到底是什么。

为了比较准地找到文化的定义，我在百度上搜了一下，一个定义是：文化是人类在社会历史发展过程中所创造的物质财富和精神财富的总和。还有另一个说法：文化的本质属性是非强制性的影响力。这两个定义给我一个概念，文化是非常综合性的无所不包、无处不在的自然呈现出来的感染力。联想到我们的人居环境领域，它的文化呈现也应该是从方方面面的实体和虚体空间中自然渗透出来的那种氛围，不应该是那种强制性的、大力打造出来的风貌之类的东西。换句话说，虽然我们建筑师的工作语言离不开形式，但其实在创作中似乎更应关注形式以外的文化要素，或者说是不是应该以文化的态度去观察生活和环境，去思考创作。

如果我们用这种文化态度的视角去审视这些年来的城乡发展就会发现问题其实还不是"千城一面"的形式特色问题，而是那种浮躁、张扬、急功近利、拜金主义的社会价值取向早已偏离了我们民族传统文化"重人文轻物欲、讲中庸避嚣张"的价值观！虽然在当今国家大发展的背景下，竞争致富是主要方向，但讲诚信、讲礼让、讲节俭的传统观念是不是还有坚持的必要呢？不幸的是如今许多国人、国企在国际上的形象恰恰是缺诚信、不礼貌、显铺张！这就不仅是偏离的问题，而是走向了反面。可悲的是这些人口头上还大讲中华古老文明并引以为豪，说一套做一套，口是心非似乎也是我们比较常见的一种现象。而这种社会问题在建设领域的反映也很有代表性。例如一方面说政府是为人民服务的公仆，一方面却把政府办公楼设计成大轴线、大广场、大柱廊式的西方古典帝王之风；例如一方面提倡节能减排，一方面建造超标准超规模、大而无当的奢华建筑；例如一方面说弘扬传统文化，一方面大拆古城古村后却又投巨资建设假古董；例如一方面

说要讲诚信，一方面不切实际层层压价，不断造出"豆腐渣"工程；例如一方面不少政界和商界人士现在喜欢禅修敬佛，而另一方面还要在市场上勾心斗角为利益拼搏。这种两面性的社会现象不胜枚举。因此我认为当前习主席讲文化的自觉自信，首先应该反思我们的文化价值观。

我觉得在我们建筑设计领域，文化的问题也是核心问题之一，也是应该反思的。这几年我提出了"本土设计"的想法，其实说的很核心的一点是态度，建筑创作的态度。我现在和团队的年轻人讨论和指导方案，许多时候讲的也是态度问题，不仅是技巧和美学问题。在一些方案评审会上我也往往先看设计的态度如何？立场对不对？因为这是出发点，态度不对，方向可能就错了，再有技巧和手法也无法扭转方向。

传统文化讲究处事低调，不张扬，我们在做一些遗址博物馆和风景区的项目时就特别注意低调。传统文化讲究为人谦和、有礼，建筑与环境的关系要讲究协调。我们在做设计时越来越多地从场地环境的认知出发，让设计主动地迎合环境协调的需要。传统文化讲究内敛，含而不露，在历史环境周边建设新的建筑体量，就需要让它隐藏在地下或周边建筑之间，这种小中见大的建筑体验，也有一种文化的态度。

传统文化还讲究得体，意思是做事要恰如其分，这一点要做到很不容易，创作往往容易过力。需要针对项目的特色进行尝试，因地制宜，因需而生，以不同的策略主动协调与周边不同的环境，以不同的手法保护和利用场地内的历史建筑，以不同的语言创造多元混搭的有机感，不求自身的完整性，而求融入街区的得体状态。

传统文化更讲与人为善，做人做事出于善意。建筑设计是一种服务，基本上是在满足业主的利益前提下赢得自己的利益。在这种利益交换中如何为公共利益考虑？如何为弱势群体考虑？如何为更长久的人文和生态环境自觉地负起责任？这些都是值得我们思考的。我觉得在将来美丽乡村建设中这种善意是很重要的，千万不要再以创产值为目的到乡下去大拆大建，重蹈城市改造的覆辙，让美丽乡村不复存在。

我今天在这里讲文化的态度是学习习主席批示的一点儿个人的思考，抛砖引玉，希望大家一起来讨论文化和建筑这个大话题。显然，要真正复兴我们的建筑文化，不仅我们建筑专业人士要有文化自觉自信，还有赖于整个社会提高对文化的认识和修养，这是个漫长的过程。但我想眼下当务之急是应该让更多的人接受一个基本的概念：文化的态度比文化的形式更重要。

——原载于《建筑学报》2015年第3期

留住乡愁　　RENASCENCE OF NOSTALGIA

Abstract

As a knowledge-youth settled in the rural for more than three years in the end of the Great Cultural Revolution, Cui Kai learned his first social class in a small village. 30 years later, after the rapid "Construction Revolution" in the cities of China, more and more government officials, experts and architect realized that the rural area is the un-ignorable part of Chinese Modernization.

四十多年前，我在北京郊区平谷县插队，落户三年，那是个小山村，劳力少、干活累、生活差，埋头苦干当了一回农民。直到恢复高考，上了大学，才离开了这片土地。过了这么多年，回想起来，我觉得这段经历对我来说意义还是很大的。让我从年轻时就懂得了一些村的事，对土地有了些许牵挂，偶尔也会回村里去看看老乡，颇有感情。今天想起这一段当然不是为了怀旧，叙那段乡愁，而是这几年因为种种原因越来越多地关注乡下的事情：一方面是这些年不少建筑师在穷乡僻壤做了些小作品，屡屡斩获国内外大奖，引人注目，让我感觉到与城市的浮躁环境相比，乡下仿佛一片净土，建筑虽然简朴，却显得清新自然；另一方面是前些年在政府扶持推动下的新农村建设似乎并不理想，迁村并点、农民上楼、老村拆迁、有特色的乡村文化岌岌可危。甚至常常听到一些危言耸听的坏消息，说平均多少天就消失了一个古村落，不管是否准确，但形势的确令人担忧。

去年中国工程院邹德慈院士主持了一个重大咨询项目"村镇建设与管理"，邀请我参加并主持第四分题"村镇文化和特色风貌"的研究，为此我和我的研究团队展开了华北、华东、西南、华南几个片区的乡村调研，发现各地村镇发展的状况很不一致，问题错综复杂，似乎很难梳理出头绪。但有一点倒是显而易见的，那就是村镇规划建设不应一刀切，不能只用一种方法，甚至可以说现行的规划路径是不适宜的，不应再如此强力推行下去！应该给乡村建设一个喘息和反思的时间。

值得庆幸的是，如今行业主管部门相关领导的认识已经有了很大转变！提出了一系列村镇建设的新思路！令人鼓舞，另外他们还动员全国许多专家重新梳理村镇风貌的特色要素，为下一步村镇建设和发展做好了准备。

还值得称道的是通过去年参加"第一届全国村镇规划理论与实践研讨会"，发现行业里有一批有识之士早已深入乡村一线，驻地设计，陆续完成了一些村落改造，很有意思。那些充满乡土味的作品很接地气，也显示出未来乡村发展的一些路径和方法，有着相当的示范作用。

在这样的背景下，我们这些工作在大院的建筑师也开始跃跃欲试，寻找机会参与到乡建活动中来。比如我们本土设计中心的研究室在昆山就先后参加了阳澄湖畔的绰墩文化博览园和祝家甸村金砖文化传承和复兴的研究设计工作。之所以这两项工作都是在昆山，是因为这几年一直在这里有项目。前几年完成了昆山文化艺术中心，现在还有市民文化广场项目正在施工中。在设计过程中我有幸结识了昆山城市建设投资发展有限公司的周继春董事长，他对文化建设发展很有热情和推动力，我们合作一直很默契。两三年前他就曾和我提到文博园的规划，问我是否感兴趣，当时我比较忙，也考虑规划不是我的长项，所以就说等今后有建筑设计再参与吧。去年初有一次去昆山工地，周董事长已经调任昆山规划局局长，他又和我提起这个规划，并给我看了之前一些设计单位做的规划方案。坦率地说，其中有的方案做的也不错，强调水乡特色，在纵横的河网中安排各类旅游和商业设施。但当我比对原址的卫星图像，并到现场勘探之后就不禁担忧起来：是否要开挖那么多河道？是否一定要把原来的村子都迁走？是否一次要建那么多房子占那么多农田？是否一定要用"打造"的方法做文化？当我提出这些疑问时，周局长也比较有同感。他说之所以迟迟没有实施就是有这样的担心，所以还是希望我能否也提一个方案。正好在那个时候中央对城镇化工作也有了一些新的思路和要求，提出要"望得见山，看得见水，记得住乡愁"，尽量在农民住房原址上改善生活环境的要求。让我很有同感，因此就欣然答应用不同的思路再试试看。

于是我们提出了几个原则：一是村庄不拆村民不迁；二是河道基本不改，少量疏通；三是农田尽量不占；四是旅游设施按需分期建设，有机生长。接下来我们查找资料，发现这里不仅有商周时期绰墩文化遗址，而且距历史上的对昆曲发展有着重要作用的文学家、艺术家、戏曲家顾阿瑛的家乡很近，顾阿瑛著有《玉山璞稿》《玉山名胜集》《草堂雅集》等大量作品，和吴中文化名流以诗会友，把酒当歌，形成了中国文化史上非常重要的《玉山雅集》，记叙了他们在乡村田野间邀友唱曲的玉山二十四佳处的场景。于是我们就想以昆曲还乡为基本规划线索，以再现二十四佳处为规划格局，以昆曲这个重要的非物质文化遗产为乡村文化复兴的抓手来重新规划文博园。其中最先启动的项目就是利用西浜村的一处城投公司已经收购的废弃民宅，建一所小小的昆曲戏校，希望让村里的小孩可以研习昆曲，将来这些小演员可以乘着小船把昆曲顺着河道送到水乡各处，阳澄湖上，傀儡湖边，形成更有水乡特色的昆曲体验区，进而达到使昆曲还乡、农民社区文化营造的目标。在小戏校的设计中我们尽量保持原有民宅的院落格局，保持村落的尺度和风貌，将新功能、新技术、新材料、新空间植入其中，追求某种轻介入的感觉。

同期周局还带着我们调研了昆山北部长白荡湖边的一个村子"祝家甸村"。这个村子历史上是烧金砖的，沿湖边留下一排排明清古窑，有几座目前还在使用中。金砖是一种高质量的古砖，用于京城皇家宫殿和王侯将相家中。现在虽然用量少了，生产规模萎缩，但传统手艺还在，许多古建筑修葺也有需求，所以祝家甸村的部分村民还以此为生。但村子的空心情况也很严重，年轻人都到周边地区工厂打工了，村庄里比较萧条，与近旁的周庄旅游热形成了鲜明的对比，于是我们提出用振兴和发展金砖文化为抓手提升祝甸村的吸引力。我们选择了村口旁的一座废弃的普通砖厂，用以改造形成砖文化的展示馆和游客服务中心，希望吸引游客来此参观、体验……而后穿过村子去看古窑遗址。这种流线会引发村中部分民宅向服务功能转化：农家乐、小客栈、手工作坊等。甚至随着年青人回乡创业，使金砖向深加工艺术化方向创新发展，达到复兴乡村、传承文化的目的。

这两个小项目设计工作已经完成，正在启动施工，希望在年内建成。作为我们工程院咨询课题的一个参考案例，起到一定的示范作用。

前不久参加了住建部村镇建设司组织的首届田园建筑优秀案例评奖活动，申报方案很多，好的还是比较少，说明乡建领域的设计水平亟待提高，同时也希望能有更多的优秀建筑师来关注乡村建设，共同推动设计下乡，和广大农民一道为美丽乡村的未来做一点儿实实在在的小事儿。

——原载于《城市·环境·设计》2015年第6+7期

同行的评价　　REVIEWS FROM OTHERS

MODERNIZATION AND REGIONALISM:
SOME REFLECTIONS ON THE WORK OF CUI KAI

JÜRGEN ROSEMANN

现代化与地域主义
——对崔愷作品的一些思考

尤根·罗斯曼

Valuing the existence of a global-regional architecture, we should take it as the essence of architecture and the future direction of architectural design... We should preserve regional diversity as we preserve bio-diversity.

—— Wu Liangyong

Despite a few exceptions Chinese architecture for decennia has been characterized by a rather unreflecting adaption of historical forms or by the just as unreflecting application of the international mainstream both in its western and in its eastern (soviet) variation. A Chinese own architectural interpretation of the challenges of societal transformations and environmental changes, comparable with the development of a modern architectural language in Japan from the 1960's on, was to large extent missing. However, this situation changed during the last 15 years profoundly. A new generation of architects came up, presenting amazing designs that in spite of all differences are characterized by a common, a distinctive Chinese language. These architects no longer are copying historical forms (although they sometimes are quoting them), but are deeply involved in the international architectural debate, on the other hand are reflecting their own roots by carefully analysing the principles of the ancient Chinese architecture, the philosophy of Chinese thinking and the contemporary lifestyles and ways of living in China as well, and translating them into a new expression of space and material.

Cui Kai is one of the most profiled representatives of this new generation of Chinese architects. With a professional career of almost 30 years he barely can be called a young architect, but with his unconventional way of thinking and his radical design approaches he became a pioneer for the new generation of native designers, giving orientation to many students and young professionals. For his huge oeuvre he already received many awards, under which the Ordre des Arts et des Lettres(Cavalier Medal) in 2003 and the Liang Sicheng Architecture Award in 2007 as the highest recognition of the Chinese building industry.

With his nomination as Academician of the Chinese Academy of Engineering in 2011 the new Chinese architecture definitely became established in the Chinese society.

His work covers the most diverse assignments, housing from detached bungalows to high-rise apartment blocks, office buildings and buildings for the government, culture and art centers, tourist facilities, university buildings, sport facilities and station buildings. One of his works, the No. 3 Villa "See and Seen" of the Commune by the Great Wall, gained already in 2002 international recognition, when it was presented at the 8th Biennale in Venice and later became part of the collection of the Centre Pompidou. However, this special edition of World Architecture is focusing on his later work from 2005 to 2013, which shows a strong emphasis on public projects. From the 16 projects presented in this volume, 7 belong to the category of cultural institutions: Musea, culture and art centers including Inside-Out, a living and working zone for artists, and university buildings including the University of Arts in Nanjing with its School of Design. Other projects at least have a strong impact on the public culture, representing the public domain within their surroundings. In my opinion all these projects are a strong response to the easygoing consumerism in mainstream architecture, are indebted to the rationality and technical clearness of modern thinking, simultaneously deeply rooted both in the tradition and the present condition of China. In this way the examination of Cui Kai's work becomes a reflection on contemporary Chinese architecture in general.

The projects of Cui Kai have been discussed (and praised) in many publications and on many conferences. To avoid repetition I want to focus on a rather personal question: What is fascinating me, as an European, in the work of Cui Kai, what makes his design approach from my (European) point of view remarkable, and what makes it a specific Chinese approach? For that reason I will concentrate on a number of issues that in my opinion mark important differences in thinking between East and West, between China and Europe.

1. Architecture and Nature

An important difference in thinking between China and Europe concerns the relationship between human being and nature, between architecture and landscape. In the European tradition human beings stand out of nature, are placed opposite to the nature. Man has to subjugate the earth, as already the Christian bible demands. Accordingly architecture/buildings have a double function: On the one hand to protect against nature, on the other to control, to dominate the natural influences. Although in particular in the 20th century many attempts have been done to open buildings for the nature and to integrate architecture into the landscape, this basic attitude still is noticeable, even in contemporary "green architecture".

In the Chinese tradition of thinking, in different philosophies from Laotzi to Bhudda, human beings are integral part of nature; buildings only are carefully added elements in a pre-existing natural landscape. This attitude is expressed in many historical drawings and paintings of Chinese artists and I am sure, it has influenced many contemporary architects in the country. Of course the conditions have changed today and high-density urban developments barely can be integrated into a dominant natural landscape. In contemporary Chinese boomtowns the attention for landscape and the respect for nature almost seems to be erased, although it is strongly rooted in the Chinese tradition. Maybe this is a reason why many Chinese experience the new urban extensions as inhospitable and inhuman.

However, in contrary to the contemporary mainstream architecture in China this attention and respect clearly is present in the design of Cui Kai. The "See and Seen" house in the Commune by the Great Wall is a good example for this attitude. Despite its strong architectural expression the building is modestly placed into the landscape, without shielding the scenery and the scenic views on the surrounding landscape. From the interior the building is opening and simultaneously framing the view on the landscape in multiple ways.

With its grass covered roof the building becomes more and more part of the landscape.

This respectful approach of the landscape we also can find in different more recent projects that are presented in this volume. The Hangzhou Cuisine Museum with its four functional units, although much bigger than the "See and Seen" house, seems to melt together with the surrounding wetlands and mountains. The Tourist Service Center of Peachblossom Valley near Taishan Mountain articulates and continues the rock landscape with its strong concrete forms and its picturesque views inside and outside. With the Guquan Convention Center a new scenic landscape of buildings is implemented into the breath-taking scenery of lake and surrounding mountains. Even the Desheng Shangcheng Office Buildings project shows respect for the pre-existing urban landscape by integrating old buildings and old trees into the design.

Of course we can find a comparable attention for landscape and nature also in many architectural projects in Europe and other parts of the world. The ideas of sustainable urban landscapes and green architecture are probably in Europe much more dominant than recently in China. However, the work of Cui Kai shows more than the attention for the protection of natural resources and sustainability; it is a cultural reconstruction, a recourse to traditional values of the Chinese society that otherwise are threatening to be lost. In this way it is a critical response, simultaneously demanding modernization and recollection.

2. Indoor and Outdoor

Strongly connected with the role of nature and landscape is the relationship between indoor and outdoor, with other words the construction that separates the interior from the exterior. In an interview for the Zumtobel lighting company Cui Kai explained the differences between European and Asian (Chinese) architecture in this way: "European architectural tradition has brought forth buildings which emanate something solid, lasting, symbolic, something very powerful, which gives people a feeling of battling with the forces of nature (...) It is always a fight with nature for limited resources.

Therefore, the most important buildings are churches and public buildings; they use lots of stone, very elegant columns and portals. Asian architecture on the other hand, is very clear and light, based on an intelligent approach to the building and to nature. The preferred building material is timber, everything is functional."[1]

The ancient Chinese house is not a fortress; it is a light construction, integrated into the landscape. The most important element of the building is the roof. Walls are mostly transparent, permeable to light and noise, offering a permanent exchange with the surrounding nature. This ideal of a harmonious relationship between indoor and outdoor, between building and nature, has been expressed in many ancient drawings. However, already in ancient cities it became adopted to the urban condition: walls to protect the residents against the threats of the outside world surround Courtyard house complexes. But inside the courtyard complexes we find again the dominant roof, often differentiated into a whole landscape of roofs, covering the different buildings of the complex, and on the other hand the lightness of walls, the transparency between indoor and outdoor, between the interior of the buildings and the gardens.

These principles of ancient Chinese architecture we can recognize in many designs of Cui Kai, not as a formal copy, but as a structural principle. A dominant roof or roof landscape we find in the Beichuan Cultural Center, in the Suzhou Railway Station, in the Kunshan Culture & Art Center with its different layers of roofs, in particular impressive in the Chongqing Guotai Arts Center, and in the building for the Embassy and Consultant General of the People's Republic of China in Pretoria. Even the Cuisine Museum in Hangzhou shows a differentiated landscape of intersecting and overlapping roofs that reminds of traditional courtyard areas.

Accordingly the transparency between indoor and outdoor plays an important role in the design of Cui Kai. Big roofs offer freedom in shaping the border between indoor and outdoor. Where walls are needed from the functional point of view, they sometimes appear as removable elements, only temporarily placed underneath the roof, as we can see in the case of Suzhou Railway Station.

Transparency is realized on different levels, from open connections and free view to filtered views that only allow catching a glimpse from the other side. In many projects we see a variety of different types of transparency, making use of different materials, and playing with different sizes, directions, heights and shapes of the outlooks. Typical examples for this variation in transparency are the Culture & Art Center in Kunshan, the Guquan Convention Center and the CSEC Office Building in Beijing.

3. Local Identity

"The past is too small to inhabit", is one of the favourite phrases of Dutch architect Rem Koolhaas, and he developed the idea of generic city as a model for-what he is calling-"new urbanism": the city of sprawl, sameness and repetition, the city without history, in every case stripped by the decaying historical conditions and artefacts. "If there is to be a 'new urbanism' it will not be based on the twin fantasies of order and omnipotence; it will be the staging of uncertainty; it will no longer be concerned with the arrangement of the more or less permanent objects but with the irrigation of territories with potential; it will no longer aim for stable configurations but for the creation of enabling fields that accommodate processes that refuse to be crystallized into definitive form."[2]

Generic city is emphasizing permanent change, potentiality and uncertainty, is disbanding any historic stability and meaning. Historic places become "enabling fields", open for any transformation. Koolhaas argument: "Generic city, the general urban condition, is happening everywhere, and just the fact that it occurs in such enormous quantities must mean that it's habitable (...) Maybe their very characterlessness provides the best context for living."[3]

Generic city surely is a widely spread phenomenon. In particular the fast growing cities in China and in other Asian countries often are quoted as examples for Koolhaas's "new urbanism". In this framework generic city became a playground for international star-architects who try to surpass each other with always new and surprising design concepts. However, the almost unlimited availability of forms, constructions and materials in the age of postmodernity produces more despicability than uniqueness, more copies and repetition than originality. The general urban condition generates buildings that are exchangeable in function, dimension and architectural style and they become exchanged in always shorter periods.

The Spanish sociologist Manuel Castells strongly is criticizing this development: "The great urban paradox of the twenty-first century is that we could be living in a predominantly urban world without cities that is, without spatially based systems of cultural communication and sharing of meaning, even conflictive sharing. Signs of the social, symbolic, and functional disintegration of the urban fabric multiply around the world as do the warnings from analysts and observers from a variety of perspectives."[4]

Similar to Castells also Cui Kai is emphasizing the necessity to maintain and generate local identity in the built environment: "If you create the highest building, it has to look exactly like this or that, always the same, with boxes all over the place, in a 'matchbox' kind of style. Many people complain about this situation and want to change it. Among Chinese architects, we have been discussing the question of how to preserve our identity, our culture, our tradition for many, many years."[5]

In his own work Cui Kai generates local identity at least on two levels: On the one hand he designs buildings (and spaces) with a strong connection to the site and a strong expression of the site. In particular his public projects are landmarks, marking places in the space of flows, in this way contributing to a culture of the public domain. On the other hand he makes use of forms and elements that refer to the collective memory of the people, generating symbolic meaning for the place. An interesting point in this framework is that he not only refers to the Chinese culture in general, but that he uses local elements and symbols, referring to the very local identity of the place.

The Guotai Arts Center in Chongqing is a good example to explain these principles. Although surrounded by high-rise buildings, the unique and expressive form of the roof generates an obvious landmark that marks the place as a special location within the urban fabric. The building itself on the first view looks like a hyper-modern design without any relationship to the specific local conditions. But in detail it is full of meaningful symbols that are referring to the people's memory and perception. The used colours of the building red and black are in accordance with a distinctive regional characteristic; the long "sticks" that form the roof, are oriented in a meaningful direction, marking specific corners between the surrounding buildings; in the construction meaningful historical construction principles like the "Ti-cou" and the "Dougong" are applied that places the building in the historical context of the region. All these cultural backgrounds of the design make symbolic meaning a multi-dimensional experience and allow a layered perception and interpretation.

According to Castells "restoring symbolic meaning is a fundamental task in a metropolitan world in a crisis of communication. This is the role that architecture has traditionally assumed. It is more important than ever. Architecture of all kinds must be called to rescue in order to recreate symbolic meaning in the metropolitan region, marking places in the space of flows."[6] Without doubt Cui Kai assumed this role. The Guotai Arts Center only is an example for his cultural underpinned design approach. In many of his other projects we find comparable references to the local culture of the site, marking the local identity against the estrangement of generic city .

4. Critical Regionalism

Until now I explored the work of Cui Kai and its intellectual background mainly as a Chinese contribution to the architectural debate, emphasizing the Chinese culture, referring to the roots of Chinese thinking, committed to the architectural tradition of the country and contributing to the local identity. The question is, what makes the difference between the work of Cui Kai and that of many Chinese architects who I mentioned in the very beginning of this article: those architects who adapt more or less unreflecting historical forms in their designs, even when they are using modern materials and construction methods, in this way often missing the logic of the historical form. The answers could be easy: It is the better design, the clarity in thinking, the sensibility for proportion, the originality etc. However, these answers, although to large extend right, are not sufficient to explain the differences in quality. These differences cannot be reduced to a "more or less", to a good and less good design; it has to make with entirely different concepts. In my opinion the work of Cui Kai has to be placed in the context of the "critical regionalism" that has been proposed as idea and theoretical concept more than 10 years ago by Liane Lefaivre and Alexander Tzonis :[7] "As globalization increasingly enters every facet of our lives, its homogenizing effect on architecture and landscape has compelled architects to include the principles of critical regionalism, an alternative theory that embraces local culture, geography and sustainability."

As representatives for this "architectural school" Lefaivre and Tzonis are mentioning under more Oscar Niemeyer, Alvar Aalto, Renzo Piano and from the "younger" generation Kengo Kuma, Jacques Ferrier and Alejandro Zaera Polo. The application of the term critical regionalism is related to strict criteria: "The concept of regionalism here indicated an approach to design giving priority to the identity of the particular rather than to universal dogmas. In addition, we wanted to underline the presence in this architectural tendency of 'the test of criticism' (Kant), the responsibility to define the origins and constraints of the tools of thinking that one uses."[8] The use of the term critical explains Tzonis as following: "The link [of the concept of regionalism with the Kantian concept of critical] was intended to distinguish the use of the concept of regionalism, from its sentimental, prejudiced and irrational use by previous generations."

This exactly is the difference that distinguishes the work of Cui Kai from those who only adapt historical forms: The critical approach of regionalism that recognizes the value of identity in its social and cultural dimension, reflects the origins and constraints and develops a purified formal language that refers to the genius of the place and the collective memory of the people.

The Austrian composer Gustav Mahler once reduced the difference to a simple sentence: "Tradition means passing on the fire, not adoring the ashes." In this sense Cui Kai is a modern traditionalist.

——World Architecture，October，2013

我们珍视全球——地区建筑这一现象的存在，并把它看作是本世纪建筑发展过程中的一个带有规律性的现象和未来建筑设计的发展方向……我们要像保护生物多样性那样保护地区文化的多样性。

——吴良镛

除少数例子外，过去数十年的中国建筑一直都被认为是对中国传统建筑形式不加思辨地改编，或仅仅是对盛行于西方国家和以苏联为代表的东方国家的国际风格的肆意照搬。若与日本现代建筑自20世纪60年代开始的发展相比，面对巨大的社会变革和环境变化，中国建筑尚没有形成自己的语言以回应这种变革。然而，这种情况在过去的15年中有了深刻的改变。新一代的建筑师脱颖而出，他们的设计色彩纷呈、令人惊讶，与此同时，一种显著的中国式的建筑语言成为了他们作品共同的特点。这些建筑师不再简单地抄袭传统形式（尽管有时要"借鉴"历史），而是深深地投身到国际建筑的思潮之中。另一方面，他们在创作中反思自己的传统，仔细研究中国古代建筑的法则、中国传统哲学以及当代中国人的生活方式，并以空间和材料为全新的表达方式对此加以阐释。

崔愷是中国新生代建筑师里最广受评议的代表之一。有着近30年职业生涯的他，很难再被视作一名年轻的建筑师，尽管如此，他不墨守成规的思考方式和激进的设计手法使其成为新生代中国建筑师中的先锋人物，成为许多建筑系学生和年轻建筑师的精神向导。他的作品数量众多，获奖无数，其中尤以2003年法国文学与艺术骑士勋章和2007年梁思成建筑奖为最高荣誉。随着2011年崔愷入选中国工程院院士，中国新建筑终于得以在中国社会开始确立起自己的地位。

崔愷的建筑作品类型广泛，包括独栋别墅、高层公寓楼、办公楼和政府大楼、文化艺术中心、旅游设施、大学校园建筑、体育设施及车站建筑物等。长城脚下公社中的三号别墅"看与被看"，作为其作品之一，曾于2002年参加第8届威尼斯双年展，随后又被法国蓬皮杜当代艺术中心收藏，可谓誉满国际建筑舞台。本期《世界建筑》杂志集中报道了崔愷于2005年至2013年间的作品，并重点介绍了其中的公共建筑。在这一期所呈现的16个项目中，有7个项目属于文化类建筑，这其中包括具有博物馆和文化艺术中心性质的、供艺术家生活和工作的"中间建筑"，和以南京艺术学院及其设计学院为代表的大学校园建筑。其他项目也都或多或少对当地的公共文化产生了强烈的影响，在建筑所属的环境中力图表现空间的公共性。在我看来，崔愷的这些项目是对当今主流建筑中盛行的消费主义的一种强有力的回应，在遵循现代理性和技术逻辑的同时，又深深植根于中国的传统文化和当下现实。从这种意义上讲，对崔愷建筑作品的审视也是一种对当代中国建筑总体态势的反思。

崔愷的作品已在诸多期刊和会议上被讨论和赞许过了。为避免旧调重弹，我更愿意从个人的角度提出问题：在崔愷的作品中究竟是什么在吸引着我，吸引着我这样一个欧洲人？从我的角度即欧洲人的角度看来，他的设计因何卓越？又是什么成就了他那具有中国特色的设计之路？因此，在下文中我将重点论述我认为的存在于东西方之间、中国和欧洲之间几点不同的哲学思想。

1. 建筑与自然

中国和欧洲在看待人类与自然的关系以及建筑与环境的关系上，有着十分重要的区别。欧洲传统上认为人类置身于自然之上，甚至与自然对立。如同基督教圣经里所要求的那样，人类必须去征服世界。西方人会相应地认为建筑或者说建筑物拥有双重功能，即自我保护与控制，后者意味着对自然影响力的支配和主宰。尽管在20世纪中，西方人已经做过许多努力，试图打开封闭的建筑以接纳自然、将建筑融入周边环境之中，却依旧不改初衷，这一点在当代"绿色建筑"的实践中依然清晰可辨。

在中国传统哲学思想中，无论是以老子为代表的道家思想还是佛教，人类都是自然不可分割的一部分；建筑只是在业已存在的自然环境中由人们小心翼翼添加的元素。在众多中国传统的绘画作品中，人们都可以领会到这种思想或者态度，而且我确信许多中国当代建筑师都曾受到这种思想的影响。当然，今天的情况已不同往昔，高密度的城市很难融入到一个以自然为主导的环境中去。在当下中国的新兴城市中，对环境的关照和对自然的尊重几乎丧失殆尽，尽管这些都是深深根植于中国传统的理念。或许，这可以解释为何有许许多多的中国人认为城市新区既不人性、也不宜居。

与中国主流的当代建筑相反的是，在崔愷的设计中，这种对环境的关照和对自然的尊重是无处不在的。长城脚下公社的"看与被看"别墅便是对这种态度的最佳诠释。别墅有着强有力的建筑表现力，却谦卑地置于其所处的环境之中，没有对其周边的风景造成任何遮挡。从内部看，建筑是开放的，与此同时，将室外的景观以不同的方式框进建筑中来。此外，被绿草覆盖的屋顶使该建筑成为环境的一部分。

这种尊重环境的设计手法，我们还可以在本专辑所介绍的其他近期项目中得以窥见。有着4个功能体块的杭帮菜博物馆，尽管在体量上比"看与被看"别墅大很多，看上去却与周边的湿地环境和山景结合得很好。泰山桃花峪游人服务中心以混凝土的巨构形式和建筑内外如画般的景色，明白无误地传达并延续着建筑所处的岩石景观环境。坐落于幽美的山间湖光之中，谷泉会议中心建筑群有如一道美丽的景观恰到好处地点缀在自然环境中。德胜尚城办公楼群在设计中将老房子和老树木整合进来，表现出对周边现存城市景观的尊重。

当然，我们可以在欧洲和世界其他地方找到很多对环境和自然给予同样关照的建筑。毕竟，可持续的城市景观和绿色建筑的理念在欧洲恐怕远比在近期的中国更加流行。然而，崔愷的建筑所表现出的不仅是对自然资源的保护和对可持续发展的关照，他的作品更是一种文化重建，是对中国社会传统价值观的追溯，而传统价值观正面临着丢失的威胁。从这个意义上来说，崔愷的建筑是一种批判的回应，同时有着对现代化和重塑历史记忆的需求。

2. 室内与室外

建筑内外之间的关系体现在建筑与自然环境紧密相连的程度上，换句话说，就是体现在将建筑内外空间分割开来的结构形式上。在与奥德堡照明公司（Zumtobel）的访谈中，崔愷曾对欧洲与亚洲（中国）建筑之间的区别如此解释道："欧洲传统的建筑物，散发出某种坚固、持久、象征性和强有力的气质，给人一种与自然力量相抗争的感觉——实际上，它们背后有一种'征服'的观念。就像教堂和公共建筑，它们使用大量的石材、优雅的柱子和大门。相反，亚洲建筑朴素淡雅，并对建筑与自然之间的关系进行巧妙的处理。木材是首选的建筑材料，一切均具有功能性。"[1]

中国古代的房子并非城堡，而是一种轻盈的、融入环境之中的构筑物。屋顶是中国古建中最为重要的元素，四周的墙几乎都是透明的，透光，且不屏蔽声音，与周遭的自然环境永远保持一种互通有无的关系。在许多中国古代画作中都有对建筑内外、建筑与自然之间完美的和谐关系的描绘。尽管如此，中国古代城市也早已为适应城市生活做出过调整，比如，四合院建高墙以保护居住者免受院外世界的威胁和干扰。但在四合院建筑群之中，我们再次发现了起着主导作用的屋顶，一个个的屋顶构成了成片的屋顶景观，其下覆盖的则是建筑群中不同类型的建筑；除屋顶外，我们还发现院中的墙是轻的，室内外之间、室内和花园之间是通透的。

我们在崔愷的许多建筑作品中也可以找到这些在中国古建中所使用的法则，他所做的不是形式上的复制，而是结构原则的运用。在北川文化中心和苏州火车站中，我们可以找到一个起着形式主导作用的屋顶或屋顶景观；在昆山市文化艺术中心中采用的是多层的屋顶形式；重庆国泰艺术中心和中国驻南非大使馆与总领事馆的形式则尤其令人印象深刻；杭州杭帮菜博物馆则以一种交叉重叠的屋顶形式塑造了一个与众不同的景观，唤起人们对中国传统院落的回忆。

由此可见，建筑室内外之间的通透在崔愷的建筑中扮演着重要的角色。大屋顶可以模糊室内外空间的界限，尽管墙体出于功能的角度是必须存在的，但在崔愷的建筑中也时常被视作屋顶之下的临时构件和可移除的元素，就如同我们在苏州火车站中所看到的那样。通透有着不同的层次，从开敞的连接和不受约束的景致，到定向的、仅可窥探的、过滤后的景观。在崔愷的许多建筑中，通过不同材料的使用和对不同尺度、方向、高度和窗洞形状的把玩，使我们看到了不同类型的通透。这一点在昆山市文化艺术中心、谷泉会议中心和神华集团办公楼改扩建项目中体现得尤为明显。

3. 本土身份认同

"过去太狭小以致于无法居住"，这是荷兰建筑师雷姆·库哈斯的一句名言，他将广普城市的概念拓展为一种模型——并将之称为——"新城市主义"：扩张的城市、千城一面、脱离历史的城市，在各种情况下被正在崩塌的历史条件和文物所侵蚀。"如果有一种'新城市主义'，它不会再建立在秩序与全知全能的孪生幻想之上；它将处于非确定状态；它将不再考虑任何长久目标的布局安排，而是致力于开发土地的潜力；它的目标不再是建立稳定构架，而是创造一种拒绝构成固定形态的适应性过程的作用领域。"[2]

广普城市强调永久可变、潜力和非确定性，打散任何历史稳定性和意义。具有历史意义的地方成为"作用领域"，对任意的转变开放。库

哈斯提出的论点是："广普城市，具有一般的城市条件，随处发生，而它如此大量地出现，这一事实必然意味着它适于居住……也许它们特别的无特征提供了最好的生活环境。"[3]

广普城市无疑是一种广泛传播的现象。尤其是中国和亚洲其他国家快速发展的城市，它们经常被引用作为库哈斯"新城市主义"的实例。在这个框架中，广普城市成为国际明星建筑师的游乐场，他们总是试图用更新、更令人震惊的设计概念超越彼此。然而，在后现代性的当下，形式、构造和材料几乎无限的可能性，制造出了更多毫无价值的废品而非独特之作，更多的副本和重复而非原创作品。广普城市的情况催生了在功能、制度和建筑形式上可以相互替代的建筑物，而且，它们总是在很短的时间内真的互相替换了。

西班牙社会学家曼纽尔·卡斯泰尔强烈批评这种发展方式："21世纪伟大的城市悖论是，我们可以生活在一个以城市为主的世界却没有城市——没有基于文化交流和分享意义的空间系统，甚至连冲突的分享都没有。即使分析家和观察家从不同角度发出了警告，社会的标志、符号和城市肌理的功能衰退依然在世界各地传播。"[4]

类似于卡斯泰尔，崔愷也强调在建成环境中维护和张显本地身份认同的必要性："如果建造最高的大楼，它必然看起来像这个或像那个，总是相同的，到处都是方盒子，形成了一种'火柴盒'类型的风格。许多人抱怨这种情况，试图改变它。在中国的建筑师中，我们一直在讨论的问题是如何长时间地保护我们的身份认同、我们的文化、我们的传统。"[5]

在他自己的作品中，崔愷在两个层面提升了建筑的本土身份认同：一方面，他设计的建筑物（空间）与现场有着很密切的联系，具有场地的强烈表现力。特别是，他的公共建筑项目是地标，在流动的空间中标定了场所，如此一来，有助于构建一种公共领域的文化。另一方面，他利用指向群众集体记忆的形式和元素创造了场所的符号意义。这个框架中一个有趣之处是，他不仅借鉴了广义上的中国文化，还运用了地方性的元素和符号，形成了特定场所非常具有当地特点的身份认同。重庆国泰艺术中心是一个解释以上设计原则的好例子，虽然它被高层建筑包围，但在城市肌理中，屋顶形式显现出的独特性和表现力将这一场所标定为一个具有特殊位置的明显地标。建筑本体的第一印象，看上去像一个超现代设计，似乎与具体的当地情况没有太大关系。但在细节上，它所展现的全是有意义的符号，这些符号会引导人们的记忆和感知。建筑颜色的运用——红与黑——与鲜明的地域特征

相和谐；形成屋顶的长的棍状物，指向具有意义的方向，标定了在周围建筑间的特定端角；在构造上，"题凑"和"斗拱"这样具有古建筑构造形式的构件为建筑赋予了地方化的历史语境。设计的这些文化背景赋予符号意义多个向度的体验以及有层次的感知和阐释。

如卡斯泰尔所说，"恢复符号意义是处在沟通危机中的大都市世界的一项根本任务。这是建筑在传统上需要发挥的作用，而它比以往任何时候都更重要。各种各样的建筑要在大都市区域奋起挽救、重建符号意义，在流动的空间中标定场所的意义。"[6]

毋庸置疑，崔愷正是在扮演这样的角色。国泰艺术中心仅仅是一个例子，代表了他以文化作为支撑的设计方法。在他的许多其他项目中，我们可以找到与建筑所在现场的地方文化相呼应的参照，它们标明了当地的身份认同，反抗着广普城市带来的疏离感。

4. 批判性地域主义

直到现在，我研究崔愷的作品及其知识背景，主要将其作为一种建筑争鸣的中国例证，它们强调中国文化，植根于中国思想的源头，致力于展现这个国家的建筑传统并体现了本土身份认同。问题是，到底是什么使崔愷的作品有别于我在本文开篇提到的众多中国建筑师的作品：那些建筑师或多或少浅薄地将古建形式纳入了他们的设计之中，甚至在他们使用现代材料和施工方法的时候也这么做，导致常常缺少古建的形式逻辑。答案可能是简单的：崔愷的作品是更好的设计，思路清晰，比例敏锐，具有原创性，等等。

然而，这些答案虽然在很大程度上是正确的，却不足以解释设计质量的差异。这些差异不能被简单归纳为"繁或简"、好的或不太好的设计之别，而有必要做出整体观念的区分。在我看来，崔愷的作品必须置于"批判性地域主义"的语境之下，作为观念和理论概念，这是在十多年前由利恩·勒费夫尔和亚历山大·楚尼斯[7]提出的："全球化逐渐介入我们生活的方方面面，其导致的建筑和景观上的均质化，迫使建筑师们提出批判性地域主义的原则，这一结合当地文化、地理和可持续性的替代理论。"

作为这个"建筑学派"的代表人物，勒费夫尔和楚尼斯提到奥斯卡·尼迈耶、阿尔瓦·阿尔托、伦佐·皮亚诺，以及"年轻"一代的隈研吾、雅克·费瑞尔和亚历杭德罗·赛拉·波洛。批判性地域主义主题的运用与这一严格标准相关："地域主义的概念在这里指的是优先考虑特定身份认同而非普世教条的设计方法。此外，我们想特别突

出在'批判性检验'（康德）这一建筑趋势下的现状，反映了限定个体所使用的思考工具的渊源和局限。"[8]"批判性"一词的使用，楚尼斯给出了如下解释："（地域主义概念与康德的批判性概念之间的）关联是为了从前几代人情感上的、带有偏见的和不合理的使用中区分出地域主义的概念。"

这确实将崔愷和那些仅仅是融合了古建筑形式的建筑师相区别：以地域主义的批判性方法，确认了在其社会和文化向度中身份认同的价值，反映了渊源和局限，并发展出一种纯净的形式语言，显示出一个场所的精神以及人们的集体记忆。奥地利作曲家古斯塔夫·马勒一度曾将这种差异总结为简单的一句话："传统意味传递火把，而不是膜拜灰烬。"在这个意义上，崔愷是一个现代的传统主义者。

——原载于《世界建筑》2013年第10期 路培、叶扬译

Reference

[1] A World Unknown. China-formidable variety and strength. An interview with Kai Cui and Sherman Lin. Press release of the Zumtobel Lighting GmbH. Dornbirn, November 2010.

[2] Rem Koolhaas, Bruce Mau, edited by Jennifer Sigler: S, M, L, LX . Rotterdam/ New York 1995, p. 969.

[3] From Bauhaus to Koolhaas. Interview with Rem Koolhaas in: Wired 4.07, July 1996.

[4] Manuel Castells, Space of Flows, Space of Places: Materials for a Theory of Urbanism in the Information Age. In:Biskwapriya Sanyal (ed.), Comparative Planning Cultures. New York and London 2005, p. 57.

[5] A World Unknown. China-formidable variety and strength. An interview with Kai Cui and Sherman Lin. Press release of the Zumtobel Lighting GmbH. Dornbirn, November 2010.

[6] Manuel Castells, op.cit., p. 59.

[7] Liane Lefaivre, Alexander Tzonis, Critical Regionalism. Architecture and Identity in a Globalized World. Munich, Berlin, London, New York 2003.

[8] Alexander Tzonis, Introducing an Architecture of the present. Critical Regionalism and the Design of Identity. In: Lefaivre, Tzonis, Critical Regionalism. Op.cit., p. 10.

CUI KAI: ABSTRACT REALISM:
A 'NATIVE' ARCHITECTURE FROM CONTEMPORARY CHINA

ZHU JIANFEI

崔愷：抽象现实主义
——来自当代中国的"本土"建筑

朱剑飞

After 1977, university education in China was re-established. This ushered in a new generation of students, and, later on, the first generation of Chinese architects after the Cultural Revolution (1966-76). With more than ten years of practice, and some years of studies abroad for some of them, they suddenly emerged as prominent figures in the late 1990s in China, and soon in the world. They include Cui Kai, Yung Ho Chang and Liu Jiakun (all entered universities in 1977-78), and those a few years junior, such as Wang Shu (2012 Prizker Prize winner), Qingyun Ma, Zhang Lei, Zhou Kai and Urbanus (Wang Hui, Meng Yan and Liu Xiaodu), and a few more in recent years. Ai Weiwei is also one of them in the same historical process, although he was educated in other disciplines (film and art). The landscape is rich, and there are differences among them. What makes Cui Kai special and outstanding, compared to others in this group, is his association with state-owned design institutes, his socially and institutionally embedded practice, and his receptiveness to a diverse range of sites and clients across the country. While others of these rising 'stars' are typically running private ateliers as free individuals, Cui Kai practices in one of the largest state design institutes, China Architecture Design and Research Group (CAG). These design institutes are the main work force in providing everyday designs including a lot of mundane buildings in real China. With the design institute as the base and window for his practice, his work turns out to occupy a critical middle point between pragmatism and formal 'excellence' – his work is more abstract and formally self-conscious than those in the everyday practice of the institutes, and yet it is also more service-oriented and accessible to abroad society. Occupying this middle point, his work is among the best from the design institutes, and is also more 'native' among the stars in reflecting the internal conditions of the Chinese society.

How is he able to deliver this kind of work? The reason is complex. He is entirely educated in China; he entered the design institute very early, and has remained there since. He is formally talented, and he has a humble attitude and an appetite to learn. Maintaining a focus on China, he has nonetheless been exposed to international influence especially since the 1990s (interacting with influential architects in many joint events and projects). While working in the design institute, he absorbs and synthesizes international influences, intuitively, through a Chinese lens, in a practice that is fully localized.

Among all these, the key factor behind Cui Kai's production of design, I think, is the design institute, and its relation to formal aesthetics, that is, a relation between the political economy of the institute and the realm of aesthetic forms and desires. This relationship, in turn, has to be understood in the context of contemporary China, which has been changing dramatically in the past thirty years, from Maoist collectivism to a new hybrid with elements of individualism and market economy. Our reading of Cui Kai therefore has to include an observation of the larger context of China.

CAG: a Design Institute

Cui Kai studied architecture at Tianjin University (1977-1984), one of the top four schools of architecture in China, one which is also known for disciplined design training. Professor Peng Yigang was his supervisor in the last two years for the Masters of Architecture degree. Cui Kai won the first prize in a national student design competition in 1982 – an early evidence of his design talent. Upon graduating in late 1984, he joined the Design Institute of the Ministry of Construction (known as the Institute of the Ministry), which was later on reorganized in 2000 as CAG or China Architecture Design and Research Group. After working for one year in Beijing in the main office, and a few years in the Shenzhen and Hong Kong branches of the Institute for a few years (1985-1989), he returned to the main office in Beijing in 1989, and became Senior Architect and Associate Architect-in-Chief. In 1997, he became Chief Architect and Deputy Director of the Design Institute. In 2000, he was given the title of 'National Master in Design' (Engineering, Survey & Design) by the Ministry of Construction. Cui

Kai also served as Deputy Director of International Union of Architects (UIA) for ten years (1999-2009) amongst other social engagements in China and overseas. In 2011, he was elected to the position of an Academician at the Chinese Academy of Engineering, a highly prestigious title in China, in honour of his achievement in architecture design.

Cui Kai has produced a broad range of work, for diverse sites, contexts and functional requirements. In terms of formal approach, his development includes three phases: a 'post-modern' phase in the 1990s, a modernist phase since 1999, and a richer repertoire of ideas from abstraction to expressiveness from the mid-2000s onwards. The third is surely a mature phase where earlier ideas are accumulated into a new and rich synthesis; it is a phase in which a hidden 'post-modern' desire has returned and found its way into the building in a more subtle and complex way, in which expressive forms and types are more closely intertwined into the tectonic of the building. The work here is very flexible, with a variety of ideas for different sites and conditions. As a whole, the work may be described as an 'abstract realism' – abstract because they are formally disciplined and self-conscious, and realist because they adopt metaphors and historical typologies in relation to the site or the function making the building readable or accessible to the population and local users alike. There is a distant relation to the Socialist Realism practiced in China in the 1950s, yet the level of abstraction and formal awareness is very different. In the larger context of China today, compared to the average majority and the elite stars, Cui Kai's work occupies a middle point: it is more accessible than the work of the stars and more refined than the average in the design institutes; it occupies a central point between social realism and formal abstraction, between the need to serve and communicate with society and the need for formal innovation and 'excellence' in an academic discourse. In a socio-political sense, this duality is related to another duality in the Chinese society and the design institutes – that between individualism and collectivism, between market liberalism and a Confucian and Maoist political ethics emphasizing authority and collective goal.

This duality can be found in the current condition of the design institute itself, the basis of Cui Kai's practice. CAG (China Architecture Design and Research Group), or the main body of the office, was found in 1952. It was the first state-owned design institute established at the opening of the People's Republic of China, and was operating directly under the Ministry of Construction of the government in Beijing. It was called 'Design Company of the Central Government' in 1952, and soon named as 'Central Design Institute' in 1953. It absorbed some 200 of the best professionals from Shanghai, and organized itself into a large state design institute with 1015 staff in 1954. It had five sections which were focusing respectively on industrial building, civil architecture, overseas aid projects, national defence engineering, and national design standards. It completed many projects, such as the Telegraph Building, China Art Gallery and the Railway Station of Beijing in the 1950s. After a short period of closure in the heydays of Cultural Revolution in the late 1960s, it was reopened in 1971 and 1973 as a major design and research institute for the government. It was officially named Architecture Design Institute of the Ministry of Construction in the 1980s (in 1983 and 1988). In 2000, after absorbing a few other bodies of the Ministry, it was officially established as China Architecture Design and Research Group, with 4000 staff, ten design and research institutes (including architecture, structure, mechanics, planning and historical research) and six Master Studios, in addition to 20 attached committees and 16 associated companies. The most influential projects completed by CAG since the 1990s include the National Library of Beijing, Ministry of Foreign Affairs Headquarters, 2008 Beijing Olympic Stadium (with Herzog & de Meuron), Conservation of the Great Wall, and Conservation of the Forbidden City.

Before the Reform of the 1980s, that is, in the Mao era (1950s-1980s), the design institutes including this Institute of the Ministry was where architects worked – they were the work force to design buildings and structures across the country. The institutes were typically big, with specialists of different disciplines working together, on diverse projects ranging from industrial to civil and infrastructural. With a mixed and synthesized collectivism, they were strong in service, flexibility, versatility, technology and exhibited a pragmatic approach to design and construction. This strength is also its weakness: being synthetic, mixed and big, with strength to do diverse jobs, it is also weak in specialization, in the advanced pursuit of each discipline, including the pursuit of ideas in formal design in the discipline of architecture. In the Mao years, the central ethic of the design institutes was to serve society and the state, to facilitate 'the production and livelihood of the people', and 'socialist modernization' of the nation. In addition, in terms of financial operation, there was no open market and no competition – all belonged to the state and all worked for the state, with a nation-wide distribution of funding from the central government.

In the Reform era of Deng Xiaoping since the 1980s, however, the situation has changed. Following the transformation of China towards a market economy, the design institutes such as the Institute of the Ministry gradually introduced a competitive mechanism to cope with the marketization of economy and design practice. While remaining state-owned, the Institute went through a reform process from the mid-1980s to the 2000s: it no longer received central funding and began to charge fees for design work in the 1980s; it introduced a performance-based incentive salary system, and started to work not only for state clients but also private clients, both domestic and international, in the 1990s. Finally, it entered a fast growing and intensifying design market, to compete with all other design offices, weather state-owned, Chinese private, or international from around the world, especially after 2000 when China joined WTO (World Trade Organization). The competitive challenge from overseas design firms and Chinese private offices were particularly strong. To remedy the relative weakness in specialization and in the pursuit of design ideas, and in efficient recombination of teams for the fast changing market, the Institute of the Ministry or CAG (since 2000) reorganized itself on the principle of specialization, with separate sub-institutes each on a specific profession or discipline including architecture, structure, mechanics and planning among others, and also four 'Master Studios' (or 'Studios of Famous Designers'), in 2003. The first on the list of the four is Cui Kai Studio; other studios include Li Xinggang Studio, Chen Yifeng Studio, FanZhong Studio (the last one on structural design). In 2008, another two, Zhang Qi and Ren Qingying, were added (the second on structural design).

While the purpose of introducing the specialized teams in the institute was to enhance market-oriented efficiency, technical excellence, and pure and advanced design ideas in architecture and other disciplines, the purpose of establishing these Master Studios was consistent and was to enhance a 'purity' of creative design further. When asked why these Master Studios were established, a comprehensive answer from the institute covers three aspects: it is for 'branding' the institute in the external market, it is to lead disciplinary/professional advancement within the institute, and it is also a way to enhance the 'individual values' of the architects.

In other words, the state-owned design institute as in the case of CAG, while remaining collective and synthetic in its size and manner of internal corporation, is internalizing aspects of 'individualism' and the values of creative ideas of the individuals, for what Pierre Bourdieu would call the symbolic value of 'distinction', for branding and for competition in the market. If Cui Kai Studio and other studios are working well in CAG (which appears to be the case) then we are witnessing two interesting phenomena here: firstly, a kind of 'individualism' is being absorbed into a collective practice under state leadership with an authoritarian tradition rooted in state socialism and in its ancient Confucianism; and secondly, formal and aesthetic innovation, because of its symbolic and financial values, is promoted by the market and the competition it necessitates - the market is supporting the arrival of creative design ideas.

But it must be reminded that the design institutes, such as CAG, still maintain many characters inherited from the Mao years: they remain collective in scale and operative mode, synthetic with a range of expertise on offer, and pragmatic and technologically-oriented in the basic approach. They remain focused on a broad spectrum of society including those at a lower socioeconomic standing. The ethics of service, the versatile and pragmatic approach, and a concern for the popular and mundane sector of society remain the focus of the design institutes. In the case of CAG, it is the same, except that it has a better reach to a wider range of sites and clients across the nation, as it is associated with the Ministry.

In other words, a design institute such as CAG today, inheriting a Maoist socialist-collectivist tradition while opening to the market to compete for excellence, has a duality in its basic outlook. It is both socially pragmatic and formally inspired for 'distinction'; it aims to be both a competent service to society and a strong competitor in the market of ideas and in formal innovation.

The duality of Cui Kai's work mirrors this duality of the design institute of CAG. On the one hand, the work has a realist aspect to cater for diverse sites and clients to service a broad society including the users and the population at large. On the other, the work is abstract, disciplined and formally self-conscious, for innovation at a pure or advanced level, to compete for formal ideas in search of 'distinction'. As an abstract realism, it has a realist side in flexible engagement with sites and clients for an architecture that is responsive and readable with expressions related to the context. On the other, it has an abstract side in formal experimentation and formal discourse, in an implicit dialogue with global architectural discourse. The key point here is that these two sides of the work are correlated to, and in fact supported by, the two sides of the institute of CAG. There is a square diagram of four points, in which the duality of CAG correlates the duality of Cui Kai's work. But once we get closer to look at this duality of work, we find a broad range of three primary focuses: modernity, nature and cultural tradition, for three site conditions respectively, namely, urban institutions, natural landscape, and cultural sites of historical or heritage values.

'Native Design': Architect's Theorization

According to Cui Kai, there is a need to re-embed ourselves to land, country and region, to counter a global homogenization. Cui

Kai explains that through his extensive practice, he has developed a system of design methods and principles, and has proposed a framework of 'Native Design' or bentusheji(base-earth-design) in Chinese. It is a design strategy that regards the resources of natural and cultural environment as 'earth', and as the 'base' for design; it represents a cultural value; it is an architectural manifestation of the core cultural ideal of 'harmony' that is much promoted today in China. In addition, it has five aspects: It requires a self-awareness of one's own native culture to counter the loss of tradition amidst globalization; it promotes a return to rationalism to oppose superficial fashions; it assumes responsibility for a sustainable environmental development against short-term utilitarianism and commercialism; it promotes creative innovation with one's own native culture and a future-oriented active employment of cultural tradition, against a conservative retreat to tradition or the past; and it explores a practice of protecting and developing architectural characters of different regions, against homogenization, replication and mediocre.

This theory, according to Cui Kai, has five principles manifested in his design practice. It includes 1) the principle of respecting local native culture and integrating local elements into contemporary architecture, 2) the principle of maintaining harmony with natural environment as if buildings are growing from earth, 3) the principle of protecting heritage sites with humbleness and a reverent dialogue with the past, 4) the principle of engaging with contemporary life to embody and express Zeitgeist (shidaijingshen), and 5) the principle of social responsibility on housing for the under-privileged, reflected in pro-bono designs for disaster-hit regions and the use of local technologies in low budget projects.

Is this a 'regionalism'? It surely is not a sentimental regionalism as it is not about a nostalgic longing for the past. Nor is it a 'critical regionalism' as it is not ideologically narrow, moralistic and pessimistic. Native Design certainly includes a strong focus on the rich resources of sites and localities, yet it is also open to historical development, and is also morally and ideologically more open-ended comparing to the position of the theorists who employ ideas of the Frankfurt School. This, in turn, is related to the overall ideological openness of current China (and a general secular flexibility in the Chinese tradition), in contrast to an ideological rigidity and dualism of the Marxist Frankfurt School and perhaps its conceptual basis – an issue that should be addressed elsewhere.

What does it say about the architect himself and his operative framework? This Native Design theory, it seems, is a definition of his position vis-à-vis other prominent architects working in China, Chinese or foreign. The theory effectively defines Cui Kai's approach as 'situated' in the Chinese social reality, in contrast to other Chinese stars, especially those educated (even taught and worked) overseas, whose working methods are arguably more 'imported' or 'western' in that, running a private office as a free individual, they privilege formal autonomy, polemic discourse and some radical positioning or articulation.

In other words, the Native Design theory makes two important points in defining Cui Kai in the landscape of contemporary Chinese architecture: 1) his approach, as based in state-owned design institutes that act as the main workforce for everyday design in China, is more socially local, localized and embedded; and 2) his approach, given its operation as part of government-sponsored production, pays more attention to a greater variety, scale and range of clients, and of sites and localities, for a harmonious dialogue with the local and its vital energies, with no 'autonomy', no 'self', no 'theory' - not unless they are localized into the Chinese social and natural reality. Of course, the other side of Cui Kai is his difference from the average practice of the design institutes, in his emphasis on formal abstraction and formal innovation with an implicit discourse with global ideas. The two sides of the practice, realist and abstract, must be acknowledged in his work. Let us now look at his work directly.

The Work: towards Abstract Realism, Structured yet Open

It is clear that there are three phases in Cui Kai's development. The first is a 'post-modern' phase in the 1990s where signs and icons of cultural content are applied onto the building. The second is a 'modern' phase in the early 2000s in which there is a sudden awakening of pure tectonic relations and an appreciation of pure form and tectonics of the building. The third phase started in the mid or late 2000s, which witnessed a mixture of abstract modernity with a hidden 'post-modern' intent to express cultural messages, one that returns, in a manner more subtle, more embedded in the tectonic of the building, and more flexible with more formal possibilities than before (in the 1990s). It is a new expressive desire that is no longer contained in the use of signs and icons. This current stage of practice represents a mature perspective, with a great flexibility, a variety of formal methods and a confidence to test new ideas, in an overall framework that is abstract (modern) and realist (expressive).

The best examples of the first phase are Fengzeyuan Restaurant (1991-1994) and the Office of FLTRP (Foreign Language Teaching & Research Press) (1993-1998). The breakthrough for the second phase, where there is a sudden rise of pure tectonic ideas and relations is a small building at the back of the FLTRP Office, a renovation of an old factory of the same FLTRP (1998-1999). Although red brick walls are used and a classical arch is found, there is a new purity in the treatment of different materials as autonomous parts, and a self-conscious separation of the parts to reveal tectonic relations. From this building on, the new phase exploring modernity and purity is found in a series of buildings with clean use of forms and parts, such as Yifu Teaching Block of Foreign Languages University (2000-2001), renovation of CAG office (2001-2002), Office Tower of Creativity at Tsinghua University (2000-2002), Beijing Focus Place (2000-2002), Office of CAUPD (China Academy of Urban Planning & Design) (2001-2003), Artron Colour Printing Centre (2001-2004), and a large ensemble of white boxes and blocks, the International Conference Centre of FLTRP (2001-2004). All of them are located in Beijing and are designed in a short span of some two years (2001-2). A sudden interest in purity and pure relations of tectonic parts and volumes is clear. The use of steel and glass (for glass boxes or bridges), exposed brickwork, concrete walls as planes, flat surface with square openings or windows, various tiles and metal surfaces ensuring this flatness, fat volumes as autonomous objects, deliberate separation of parts or careful treatments of edges, etc, have all appeared on these buildings.

Upon closer observation, we see a structural and a volumetric line competing with each other, and somehow, later on, it is the volumetric that is more dominant in his work. That is, there is more Louis Kahn and I. M. Pei, than Le Corbusier (pre-war) and Mies van der Rohe. Some of the most structural and skeletal work includes YifuTeaching Block, and Songshan Lake Office of Dongguan (2002-2005), but the volumetric still dominates, such as Zhejiang University Life Science Block (2002-2005), Dalian Computer Software Research Park Block no 9 (2003-2004), not to say the Shangdong Radio and Television Centre (2004-2009).

Ideas were overlapping in the actual work, and the need to express cultural content was coming back very readily (in the early and mid-2000s), while the modernist thrust was still ongoing. In the mid-2000s, there are three landmark projects that have clearly compelled the architect to adopt cultural content due to the weight of cultural values of the site, and have thus marked a turning point towards a new expressiveness in the architect. They are: the Capital Museum of Beijing (2001-2005), Desheng Up-town of Beijing next to an ancient city gate Desheng (2002-2005), and the Railway Station of Lhasa in Tibet (2004-2006). While the first has to express the ancient history and culture of the capital city, the second has to relate to a major and majestic city gate, and the third has to express the culture of Tibet in a region different from eastern China.

Later on, there is another breaking point around 2008-2011 (Taohuagu Visitors Centre of Mountain Tai) and 2008-2013 (Ququan Conference Centre) when natural not cultural content, such as the profiles of natural landscape (rocks, hills, mountains, deserts), were internalized into the work. But this is not necessarily an opening of a new or fourth phase, but more as an addition to the third, in that the abstracted expressiveness has now acquired a dimension of natural metaphor in addition to the use of cultural or historical references.

In any case, the third phase (from the mid-2000s onwards) is a mature stage, when the architect has arrived, as it were, on a vast plateau, with a range of ideas and methods, in a broad framework of abstract realism. Within this, there is a tripartite structure of three focuses: modernity, nature and cultural tradition. The focuses on modernity,

culture and nature are respectively applied on three types of site conditions: urban institutions, sites of cultural and historical values, and natural landscape sites. Of course, historically, as said above, they arrived in 1999, 2005-6 and 2011-13 (the years the key buildings were completed). But now, as three primary methods simultaneously present and mutually interacting, they must be considered as three aspects of one repertoire forming a tripartite structure of the portfolio. We may briefly observe each of them for a clearer understanding of Cui Kai's work:

The focus of modernity includes the use of modernism, contemporary modern compositions (in the use of 'fragmentation' and vertical 'discontinuity' or 'stacking'), and a generic vernacular (in the use of bricks, stones and timber) that goes with modernism well. These formal ideas are typically applied for urban and generic institutions, such as offices, hotels, art galleries, and university or campus buildings, the last being a type Cui Kai has worked on for a long time and is famous for. Apart from the cases already cited above (Yifu Teaching Block, FLTRP Conference Centre, Zhejiang University Life Science Block, Dalian Software Research Park Building No. 9), the other important examples should include: Apartment Block at Dalian Software Research Park (2005-2006), Hanmeilin Art Gallery (2004-2008), Xishan Artists Studio (2007-2009), Zhejiang University Zijingang Campus Buildings (2008-2010). A volumetric tendency is becoming clearer in some recent work: Shangdong Radio and Television Building (2004-2009) and Beijing Shenghua Mansion (2006-2010).

The focus on the natural landscape includes an explicit reference to features of nature and natural landscape, such as rocks and mountains. The posture in this respect since the late 2000s is bold. It reveals a confidence and an experimental spirit in the architect, although it belongs to the realist interest of the architect, realist in the sense of using images in resemblance of something 'real', natural or cultural (from Frank Gehry's fish to Aldo Rossi's European typologies to the Chinese Roof in Socialist Realism). For the use of natural metaphors, the cases are: Taohuagu Visitors' Centre (2008-2010), Guquan Conference Centre (2008-2013) and the Visitors Centre for Mogao Caves (of the Thousand Buddhas) near Dunhuang (2009-2013).

In these three buildings, the lines of rocks, of mountains, and of sand dunes are echoed in the profiles of the building respectively.

The focus on cultural tradition of historical and heritage values is arguably the most important aspect of the portfolio and reveals the most powerful spring of ideas and imaginations in the design practice. Besides the earliest phase in which it was explored in an iconic way, the third phase, after a period of modernist 'cleansing' or rationalization, witnesses a more subtle blending of abstraction and expression. The breakthrough was found in the three buildings in the mid-2000s mentioned above (Capital Museum, Desheng Up-town, Lhasa Railway Station). Today, in hindsight, the collection in this respect has four distinctive cases: 1) those for Beijing and concerning the nation, 2) those in the southeast expressing a Jiangnan culture, 3) those in the west region of China expressing distinctive ethnic cultures, and 4) those for archaeological sites of great historical and heritage values.

For the first, the examples include the Deshen Up-town, an urban block of office buildings, near the Deshen city gate with a history of some six centuries in Beijing; the Capital Museum in Beijing where aspects of ancient Beijing and a 'national' tradition are expressed; and the Sunken Garden No. 3 of the Olympic Green of Beijing (2007-2008) where 'Chinese' elements of drums and bronze musical instruments are employed to express an image of China on the world stage. The Chinese Embassy and Consulate in South Africa (2004-2006, 2011) may also be included here, although the image of China here does not come from the northern palace of Beijing, but a vernacular tradition from the south.

For the second, the cases are found in Suzhou, Hangzhou and Xuzhou, in the Jiangnan region – the Suzhou Railway Station (2007-2008), Museum of Cuisine Culture of Hangzhou (2009-2012), and a College Library in Xuzhou (2010-2013). These are impressive, as modern elements are beautifully integrated into the southern vernacular typologies, especially in the use of white walls, with or without grey bricks, which appears to be both modern and southern-Chinese.

For the third, for sites in western China, the cases are Lhasa Railway Station (2004-2006), LiangshanEthnic Culture & Art Centre (2005-2007), Beichuan Cultural Centre (2009-2010), and Yushu Art Centre (2012-2013). Elements of Tibetan architecture are employed for the first and last, whereas aspects of vernacular of the Yi and Qiang ethnic groups are applied in the second and third projects respectively. Traditional elements are employed through selection and abstraction, and are internalized into the tectonic and structural body of the building.

For the fourth, the archaeological sites, the cases are Museum of the Yinxu Ruins near Anyang (2005-2006), Museum for the Hongshan heritage site near Wuxi (2005-2008), and Museum for the ancient Koguryo Kingdom, near Wunvshan City of Liaoning Province (2003-2008). Again, cultural expressions are integrated into the tectonic and ontological bodies of the building. For example, the Museum for the Yinxu Ruins of Anyang, images of square bronze vessels and oracle bone scripts of 3300 years ago are expressed in a tectonic language, where the sunken court acts like a bronze vessel and where the sky and the reflections in the pool in the court evoke a poetic reverence for time, history and antiquity.

Conclusion

It must be noted that the three focuses of Cui Kai's current work, modernity, nature and cultural tradition, are mutually interrelated. For example, the Visitors Centre for Mogao Caves (of the Thousand Buddhas) near Dunhuang (2013) makes reference to the 'natural' landscape of sand dunes, but the metaphor is also about the vast landscape that is associated with Dunhuang, a crossroads of the Silk Road in western China with a history stretching back to the fourth century and the five hundred Buddhist caves built over a thousand years – this building makes reference to both natural landscape and cultural history. The modern focus is also intertwined into the focus on cultural tradition. For example the projects in Suzhou and Hangzhou, such as the Museum of Hangzhou Cuisine Culture, blend a modernism of whiteness with the vernacular elements of the Jiangnan(southeast) region of China. In fact, among these three focuses, the second and the third are parts of the same interest to express in a form of realism (no matter how abstract), whereas the first explores modernist abstraction. The key point is that modernist abstraction is closely blended with a realist intention to express a natural or a cultural-historical form. As a whole, Cui Kai's work includes a range of possibilities framed by abstraction and expressive realism. It is framed by an opposing yet interacting dynamics of abstraction and realism. At a social and institutional level, this duality of Cui Kai's design aesthetic correlates with a duality of CAG or of the design institutes of China in general. Cui Kai's work mirrors a condition of the design institutes at their most advanced forefront – a conflict or a dynamic tension between social realism and purist formalism, between a pragmatic approach as service and a formal approach for 'distinction', and between a Maoist socialist legacy and a new aspiration in the market. As Cui Kai's work reflects this condition, it is a 'native' architecture of contemporary China.

Jianfei Zhu is Associate Professor in Architecture at the University of Melbourne.

The author would like to thank William Lim, Donald Bates and Nader Tehrani for their insightful and helpful comments on a draft of this essay. Thanks should also go to Hing-Wah Chau and Scott Woods who have shared their views on the draft as well.

Reference

Information on Cui Kai's biography is obtained from: Cui Kai, Projects Report, Beijing: China Architecture and Building Press, 2002, pp. 8-9; and <http://cadreg.com/team/content.asp?depart=17&class=1&id=13> (accessed 10 May 2013). The other three of the top four architecture schools in China are Tsinghua, Tongji and Southeast Universities in Beijing, Shanghai and Nanjing respectively. Although many including the architect himself have identified a three-staged development, what is presented in this essay, including the years, key works and key characteristics of the phases, and their relations with the institutional workings of CAG, is the result of my own observation and analysis. For my earlier studies on Cui Kai, see Jianfei Zhu, Architecture of Modern China: A Historical Critique, London: Routledge, 2009, pp. 118-128, 136-138, 186-194.

Information on CAG, its history and its current condition are obtained from CAG website (<http://www.cadreg.com/introduce/history.asp>, accessed 10 May 2013), my conversations with Cui Kai over years, and my interviews with Ouyang Dong, Li Keqiang, Wen Bing and Li Xinggang at CAG, 28 June-2 July 2011.

One of my research students Feng Li has worked on this. See his book based on his thesis: Feng Li, 'Critical' Practice in State-Owned Design Institutes in Post-Mao China: A Case of CAG (China Architecture Design and Research Group), Saarbrücken, Germany: LAP LAMBERT Academic Publishing, 2010, p. 35.

Feng Li, 'Critical' Practice, pp. 35-40.

Ouyang Dong, 'GuanliChuangxinTuidongQiyeFazhan' (Innovation in management facilitates the development of a design firm), in ChengshiZhuzhai (Urban housing), no. 175, 2009, pp. 6-11.

Based on 'Guoyoushejiyuan de tizhigaige' (Systematic reforms of state-owned design institutes), in Editorial Committee, ed. ZhongguoJianzhuLiushinian, Jigou Juan (Sixty years of Chinese architecture, volume on 'institution', Tianjin: Tianjin University, 2009, pp. 47-57; and my interview with Ouyang Dong and Li Keqiang, 28 June 2011. See also <http://www.cadreg.com/introduce/history.asp> (accessed on 10 May 2013).

Based on <http://www.cadreg.com/introduce/organizing.asp> (accessed on 10 May 2013) and my email interview with Cui Kai, 7-9 May 2013.

Email interview with Cui Kai, 7-9 May 2013.

Pierre Bourdieu, Distinction: A Social Critique of the Judgment of Taste, trans. Richard Nice, London & New York: Routledge, 1984, pp. 484-6.

This description of Cui Kai's theory is closely based on his own text, a speech he delivered at China Academy of Engineering, November 2011, which described his theory of Native Design in its most recent and comprehensive shape. Here in this paragraph I am summarizing the key points in paragraph 2, 3 and 4 of Cui Kai's speech, using his words.

Here in this paragraph I am summarizing paragraphs 6, 7, 8, 9 and 10 of Cui Kai's speech, using his words.

Published collections of the architect's work may be found in Cui Kai, Projects Report, Beijing: China Architecture & Building Press, 2002; Cui Kai, Native Design, Beijing: China Architecture & Building Press, 2008; and a section in UED: Urban Environment Design, Issue 61, No. 4+5, 2012, pp. 90-109.

1977年起，中国的大学教育开始逐渐恢复。这时入学的建筑系学生也因此成为"文革"后成长起来的第一批建筑师。经过十余年的实践，以及其中一些人若干年的海外留学经验，他们在20世纪90年代后期开始在中国，之后又在世界崭露头角，其中包括崔愷、张永和和刘家琨（均为1977—1978年入学），以及入学稍晚的王澍（2012年普利兹克奖获奖者）、马清运、张雷、周恺和都市实践（王辉、孟岩和刘晓都联合主持）等人，还有一些更为年轻的建筑师。艾未未实际上也应属于这一历史阶段，当然他毕业于其他专业（电影及艺术）。他们所呈现的景象如此丰富多元，相互之间也很大差异。和同代人相比，崔愷的特殊和显著之处在于他与国家设计院的关联，他基于社会的和院所机关的实践，以及他对于各地区和各种客户的广泛容纳。其他"明星"基本都是独立建筑师，经营他们自己的事务所，而崔愷则来自中国最大的国有设计院——中国建筑设计研究院（CAG）。设计院，是完成中国的日常设计任务，包括大量平凡的建筑物的主要设计机构。将设计院作为实践的基地和窗口，崔愷的创作实际上处于实用主义和对"优秀"形式的追求之间，这是一个关键的中间位置——相比那些完全投入日常工作的设计院实践，他的作品更为抽象，具备形式上的自觉，但同时也很注重服务，容易为外部社会所理解。"在中间"的状态，使得崔愷的作品成为设计院中最出色的一类，同时也是同辈的明星建筑师中，在反映中国社会内部情况方面更加"本土"。他为什么能做到这些？原因是多方面的。他完全在中国国内接受教育，毕业后就进入设计院，工作至今。他在形式创作方面很有天分，同时又谦虚好学。他始终专注于中国国内，但又受到来自国际的影响，特别是自20世纪90年代开始，持续与有影响的建筑师进行合作事务及设计项目。在设计院工作的同时，他吸收和综合来自国际的影响，并自发地结合中国的现实，以一种非常本土的方式进行实践。

综上所述，我认为，产生崔愷的设计的关键因素，是这个设计院，以及它与形式美的关系，即设计院的政治经济需求和形式美感需求之间的关系。同时，这个关系也必须放在当代中国的大背景下来理解，近30年来中国发生了巨大的变化，从毛泽东时代的集体主义转变为含有个人主义和市场经济因素的新的混合状态。我们对崔愷的解读需要从了解中国的整体背景开始。

CAG：设计院

崔愷在天津大学接受建筑教育（1977—1984年）。天津大学既是中国最出色的四所建筑高校之一，也一直以严格的设计训练而著称。彭一刚教授是崔愷研究生阶段的导师。1982年，崔愷获得了全国大学生竞赛的一等奖——很早就证明了其设计上的才华。1984年毕业后，他进入了建设部设计院（通常被称为"部院"），2000年经过合并重组更名为中国建筑设计研究院（现名为中国建筑设计院有限公司——编者注）。他在北京总院工作了一年，随后被派往深圳和香港的分部几年（1985—1989）。等到1989年回到北京后，他成为高级建筑师，并担任了副总建筑师的职务。1997年，他被任命为总建筑师和副院长。2000年，他获得了建设部颁发的"国家工程设计大师"称号。崔愷还担任了国际建筑师协会（UIA）副理事（1999—2009），同时在国内外参与了其他各种社会活动。2011年，他被中国工程院吸收为院士，这也是中国学术界的最高头衔，以表彰他在建筑设计领域的成就。

崔愷设计的作品范围很广，涉及不同的地域、文脉和功能需求。从形式的角度看眼，他的设计发展可以分为三个阶段：20世纪90年代的"后现代主义"阶段，1999年开始的现代主义阶段，以及2005年左右开始的兼有抽象和表现的设计思路多样化的阶段。第三个阶段无疑是一个成熟的阶段，早期的理念经过积累，在新的状态下实现丰富的综合，在这个阶段，隐藏的"后现代"意愿得以回归，以微妙而丰富的方式在建筑中表现出来，其形式和类型则与建构方式本身结合得更加紧密。这些设计异常灵活，多样化的理念对应着不同的地点和条件。从总体上看，这些设计可以被称为"抽象现实主义"——抽象，是因为它们是形式严谨和形式自觉的产物，而现实，是因为采用了与基地或功能相关的比喻和历史类型，使建筑对于大众和当地使用者具有可读性或可理解性。这与20世纪50年代中国实行的"社会主义的现实主义"有着遥远的联系，当然，两者的抽象和形式自觉的程度是很不一样的。从当今中国的大背景来看，与大多数建筑师和那些精英建筑师相比，崔愷的作品处于中间位置：比明星建筑师的作品更容易接近，比普通设计院的作品更为精致。因此处于社会现实主义和形式抽象追求的中间点，即处于服务并沟通社会的需求与学术上对形式创新和"优秀"的追求之间。从社会政治的范畴理解，这种双重性与中国社会和设计院的双重性相关——即个人主义与集体主义，市场自由主义与儒家和毛泽东政治伦理所强调的权威和集体目标的相互关系。双重性存在于设计院本身的现状中，即崔愷建筑实践的基础。中国建筑设计院的前身建成于1952年。它是中华人民共和国成立后最早建成的国家直属的设计院，当时被称为"中央设计公司"，设于北京，直接由中央政府的建筑工程部领导。到了1953年改名为"中央设计院"，从上海调来200名优秀的专业人才，到1954年已经形成拥有1015人的大型国家设计院。当时设计院由5个部分组成，分别从事工业建筑、民用建筑、援外项目、国防工程和国家设计标准等方面的工作，在20世纪50年代完成了电报大楼、中国美术馆、北京火车站等大批项目。经过"文化大革命"初期的短时间解散，1971年到1973年，这个设计院开始恢复，作为政府主要的建筑设计和研究机构。1983年正式更名为建设部建筑设计院。到2000年，经过与建设部所属的其他单位的合并，成立了中国建筑设计研究院，员工达4000人，设有10个设计和研究机构（涵盖建筑、结构、机电、规划和历史研究）和6个大师工作室，此外还有20个附属部门和16个子公司。自20世纪90年代起完成的主要项目包括北京图书馆（现为国家图书馆）、外交部大楼、2008年北京奥运会主体育场（与瑞士赫尔佐格和德梅隆事务所合作设计）、长城保护规划和故宫保护规划等。

在20世纪80年代的改革开放开始之前，中国的建筑师都是在各个设计院工作的，其中包括中国建筑设计研究院的前身——建设部设计院。设计院是当时完成国家所有房屋和结构设计的生产组织，一般规模都很大，由不同专业的专家集合到一起，完成工业建筑、民用建筑、基础设施等不同类型的设计。由于采取复合、综合的集体组织形式，设计院一般都具有侧重服务、灵活、全面、技术水平高的优势，掌握了行之有效的设计和建造方法。但同时，这些优势也是它的劣势：由于综合、全面、规模大，有能力完成多种类型任务，设计院难以做到专门化，在某个专业上进行深入探索——其中也包括建筑专业对设计理念的探索。改革开放前，设计院的核心伦理就是服务于社会和国家，有利于"人民的生产与生活"和国家的"社会主义现代化"。财务经营上没有开放的市场和竞争——所有设计院都属于国家并为国家服务，依靠中央政府在全国范围内的财政拨款运转。

而到了20世纪80年代邓小平实行改革后，情况发生了变化。随着中国向市场经济转变，建设部设计院等各大小设计院逐步引入竞争机制，以适应经济和设计实践的市场化趋势。在保持国有的前提下（大型设计院），各院从20世纪80年代到21世纪第一个十年，进行了一系列的改革。从80年代开始，不再依靠中央财政拨款，而是向业主收取设计费。到了90年代，引入基于绩效的薪酬激励机制，并且不再只服务于国有单位，也开始接受国内外各类私人业主的委托。随后，尤

其是2000年中国加入WTO（世界贸易组织）后，设计院加入了蓬勃发展且竞争激烈的设计市场，与所有其他设计团体竞争，其中包括国有单位、国内个人事务所和来自世界各地的设计机构。国外设计机构和国内私有事务所都有很强的竞争力。2003年，中国建筑设计研究院（CAG，于2001年由建设部设计院合并重组而成，以下简称中国院），为了弥补专业化不足和缺乏创意理念的弱点，进行了有效的机构调整，以应对快速变化的市场。本着强调专业化的原则，设计院被分为建筑、结构、机电等专业分院，并成立了三个名人工作室——崔愷工作室、李兴钢工作室和陈一峰工作室。随后于2008年又成立了张祺工作室、任庆英工作室和范重工作室（后两个为结构工作室），并在专业院内划分了工作室。

在设计院内进行专业化的目的，是为了形成面向市场的效率、技术优势，促进建筑和其他各专业产生纯粹而先进的设计理念。而设立名人工作室的目的与此相同，但是更加强调设计创意的"纯粹性"。当被问到名人工作室设立的缘由时，来自设计院的比较全面的回答包括三个方面：为了在外部市场上树立品牌，为了在院内引导专业技术水平的提高，也为了提高专业人员包括建筑师的"个人价值"。

换句话说，像中国院这样的国有大型设计院，在保持自身规模和内部模式上集体、综合特点的同时，也在尝试在内部实现"个人主义"的方面和个体创作理念的价值，即皮埃尔·布迪厄所谓的"优异性"（distinction）的象征价值，由此在市场上树立品牌，提高竞争力。崔愷工作室和其他工作室的良好运转，让我们能够发现其中两个有趣的现象：首先，一种"个人主义"被吸收到国家领导的集体主义实践中，这种组织背后还有根植于国家社会主义和古代儒家文化的权威传统；其次，形式和美感上的创新由于具备象征性和经济价值，得到了市场及其导致的设计竞赛的推动——市场在此支持了设计概念创新的探索。

当然，必须强调，中国院等设计院仍然留下了许多过去的特点：在规模和运作模式上保持集体性，在专家和技术人员的组织上保持综合性，在基本方向上保持了注重实际、强调技术的特点。他们需要顾及社会的广泛层面，包括对经济地位不高的群体的关注。服务的理念，多方面和注重实效的手法，对于大众和社会普遍层面的关注，仍是设计院的主要诉求。中国建筑设计研究院也是这样，当然相对而言，由于它此前"部院"的身份，能接触到国内更为广泛的地区和客户。

换言之，像中国院这样的设计院，继承了毛时代的社会主义和集体主

义的传统，又面向开放市场，在竞争中追求优秀的设计理念，所以在其基本的视界中具有了双重性。它既注重社会性和实用性，又追求形式语言上的"优异性"；它既希望是面向社会的有能力的服务者，又希望在理念的市场和形式的创新中成为一个有力的竞争者。

崔恺作品的双重性折射出了中国院这样的设计院的双重性：一方面，他的作品具有现实主义的一面，能够接受来自不同的地域和用户的业务，为广泛的社会群体和使用者提供服务；另一方面，这些作品又是抽象的、严谨的、具有形式自觉性的，在一个纯粹的高级的层面上追求创新，参与到寻求"优异性"的形式理念的竞争中。作为一种抽象的现实主义，它既有现实的一面，能够灵活地适应不同的基地和客户，使建筑通过与环境有关联的表达手法做出因应并易于解读。同时，它在形式试验和形式研讨上有抽象的一面，与国际建筑话语进行含蓄的对话。这里的关键问题是，这个设计工作中的两个方面，对应了也依托于中国院的两个方面。本文表述可以归纳为四个要点的图解，其中中国院的双重性与崔恺工作的双重性各有联系。当我们深入研究崔恺作品的双重性，就会发现三个基本要点：现代性、自然、文化传统，相应表现为对场地条件的尊重，城市体系，自然景观和文化场所的历史遗产价值等。

"本土设计"：建筑师的理论

崔恺认为，面对全球同质化的趋势，我们有必要重新根植于土地、国家和当地。崔恺用他大量的实践作品解释这一观点，发展设计方法和原则的体系，提出了"本土设计"的框架。本土设计，是一种尊重自然和文化环境资源，即"土"，并将其视为设计之"本"的策略；它尊重文化价值，是"和谐"这一中国当今社会核心的文化理念在建筑中的具体表现。本土设计理论包含五个方面：它需要的是一种本土文化的自觉，反对全球化导致文化特色的缺失和民族精神的衰落；它提倡的是回归理性的思考，反对浮夸的，以吸引眼球为目的的形式主义和时尚追风；它承担的是对人居环境的长久责任。反对急功近利，唯利是图的商业主义；它主张的是立足本土文化的创新，反对保守、倒退，积极地从文化传统中吸取营养，面向未来；它追求的是保持和延续不同地域环境的建筑特色，反对千篇一律和模仿、平庸。

崔恺这一理论的五点原则，由他的设计实践得以证明：①强调尊重本土文化，将本土文化的要素与当代建筑有机结合；②强调建筑与自然环境的和谐，让建筑仿佛从大地中生长出来；③以谦逊的态度保护遗迹，以尊重的态度与历史对话；④面向现实生活，体现时代精神；⑤提倡节俭设计，以适宜的材料和技术达到节能环保。

这是"地域主义"吗？它显然不是多愁善感的地域主义，也无关对过往时代的怀念。它也不是"批判的地域主义"，没有意识形态上的狭隘、说教和悲观。本土设计的确主要关注场地和所在地区的丰富资源，但它也赞成历史发展，和支持法兰克福学派观点的理论家的立场相比，在道德和意识形态上都更加向前看，这与当前中国整体意识上的开放（以及中国传统上一贯的世俗灵活性）有关。相比之下，马克思主义法兰克福学派，也许还包括它的理论基础——那将是一个需要另行讨论的话题——都显得在意识形态上过于僵化而且二元论了。

那么这些理论怎样表现建筑师本人和他的工作框架呢？本土设计理论，应该是一种定位方式，将崔恺与其他在中国从事创作的前卫建筑师——其中既有中国人也有外国人——区分开。这一理论有效地定义了崔恺的工作方法，他更为"立足"于中国社会现实，而与其相比，其他中国的明星建筑师，特别是那些海归（在海外接受教育并工作）建筑师的工作方式则更多的是"引进的"或者说"西方的"，他们往往是以个人身份主持一个私人事务所，他们的优势是有充分的自主权、争议性的讨论和某些激进的立场和表达。

换句话说，本土设计理论为崔恺在当代中国建筑图景中的定位提供了两个重要观点：①作为来自国有设计院，中国日常主要的设计机构的建筑师，他的工作更为社会化，植根于当地；②作为由政府支持的生产活动，他的工作更注重多样性，不仅业主的规模和范围多样，建筑所在地和当地文化也都非常多样，其目的是与地方及其内在特质形成和谐的对话，而不是采用"自主决定""自我"或"理论"——因为这些还没有深入中国社会和自然的现实之中。当然，从另一方面看，崔恺与普通设计院创作的不同，在于他对抽象形式和形式创新的总结，并含蓄地表达国际化的观点。理解他的作品，必须首先理解他的实践在现实和抽象这两方面的特点。现在，让我们直接来观察他的作品。

作品：抽象现实主义，有组织而又开放

很显然，崔恺的创作发展经历了三个阶段：第一阶段是20世纪90年代的"后现代"阶段，将符号和文化内涵加诸建筑之上；第二个阶段是21世纪初期的"现代"阶段，此时崔恺对纯粹的建构关系和建筑形式的理解突然爆发出来；第三个阶段开始于20世纪初，表现为抽象的

现代性与暗藏的"后现代"意图的混合，他用一种更为微妙，更深入于建筑建造的方式表达了文化信息，比此前（20世纪90年代）更灵活也有了更多形式上的可能。新的表达诉求不再借助于符号和标志，当前的实践呈现出成熟的远见，有非常大的灵活性，多样的形式手法和尝试新理念的自信，而整个体系框架则是抽象（现代）与现实主义（表达力）的结合。

第一阶段最好的例子是丰泽园饭店（1991—1994）和外语教学研究出版社办公楼（1993—1998）。第二阶段的突破点，则是继外研社办公楼之后完成的外研社印刷厂改扩建项目（1998—1999）。这是一个规模不大的建筑，但呈现出在纯粹的建构理念和关系上的迅速增长。尽管我们仍然能看到红砖墙和经典的拱券，但已经能够用新的纯粹的处理手法，让不同的材料自己说话，各部分之间自觉地进行区分，展现出建构的关系。这个建筑，标志着寻求现代性和纯粹性的新阶段已经开始。随后，是一系列形式和体块干净的建筑，如北京外国语大学逸夫教学楼（2000—2001）、清华创新大厦（2000—2002）、北京富凯大厦（2000—2002）、中国城市规划设计研究院办公楼（2001—2003）、雅昌彩印大厦（2001—2004）和一组白盒子与砖盒子组成的建筑群——外研社国际会议中心（2001—2004）。所有这些建筑都位于北京，设计和建造时间都集中于两年之内（2001—2002），并且清楚地表明，崔愷对纯粹性和建构部分、体块的纯粹关系突然产生了浓厚的兴趣。这些建筑都有着类似的形式处理，使用金属和玻璃（玻璃盒子或是连桥），裸露的砖墙或混凝土墙表面，平整的表皮上只有方形的开洞或窗户，大量瓷砖和金属表皮也强化了这种扁平性，敦实的体量让建筑呈现为各自独立的物体，各部分之间有着细致的区分，边界都经过了精心的处理。

通过近距离观察，我们能够发现这些项目呈现出框架式的和体量化的两种形式交替出现，呈现出框架式或体量式的此消彼长，在某种程度上，体量也在崔愷随后的作品中占据了主导地位。也就是说，从勒·柯布西耶和密斯·凡·德·罗转为更倾向于路易·康和贝聿铭。逸夫教学楼和东莞松山湖商务办公小区是其中最具结构性的框架式的作品，但主要还是体量式的，如浙江大学生命科学学院（2002—2005）、大连软件园9号楼（2003—2004），更不用说山东省广播电视中心（2004—2009）了。

实际创作中观点则是相互交叉重叠的，表达文化内涵的需求很快重新出现（2000—2005），而现代主义的动力也一直在持续着。到

了2005年后，建筑师本人明确地意识到，文化内涵应由建筑所在地的文化价值重要性来决定，这由三个标志性的项目确定下来：首都博物馆（2001—2005）、靠近文物建筑德胜门城楼的北京德胜尚城（2002—2005）、西藏拉萨火车站（2004—2006）。第一个项目必须体现首都的传统历史和文化，第二个与庄严雄伟的城楼毗邻而居，第三个则需要表达有别于东部地区的西藏地区的文化。

随后出现的另一类突破点，是2008—2011年的泰山桃花峪游客中心和2008—2013年的谷泉会议中心（中信金陵酒店），此时，自然的而非文化的背景被引入作品之中，如自然地形的轮廓、岩石、山峰、山脉、沙漠等。但这并不应该被看作崔愷在转向一个新的阶段，或者说第四阶段，而应该是第三阶段的附加，除了历史文化因素，对自然的隐喻也成为抽象情感表达阐述的新的方面。

无论从哪方面看，第三阶段（21世纪初至今）都是一个成熟的阶段，建筑师到达了创作的高峰，既有成系列的理念和方法，也有抽象现实主义的总体框架。其中有三个要点：现代性，自然和文化传统。它们各自针对于三种不同类型的场地条件：城市设施，带有文化和历史价值的场所，以及自然风景之中。当然，从创作历程上看，三个要点分别出现于三个重要的转折点——1999年，2005—2006年，还有2011—2013年，以各阶段关键建筑的建成作为标志。但到了现在，三种主要方法已经同时出现并相互作用，应该视为构筑崔愷作品三元式体系的三个方面。通过对它们的简要分析，我们可以对崔愷的创作有更清晰的理解：

对于现代性的关注，既是追随现代主义，也包括对时下的现代语汇组织方式（对"片段"、垂直的"断裂"和"堆叠"的运用），普遍的乡土语汇（使用砖、石、木材等）的运用。这些形式理念主要应用于城市和公共机构，如办公楼、酒店、博物馆和大学校园等，最后一类是崔愷的创作始终注重也享有盛誉的设计类型。除了上面提到的例子（逸夫教学楼、外研社会议中心，浙江大学生命科学学院、大连软件园9号楼），其他重要的例子还包括：大连软件园软件工程师公寓（2005—2006）、韩美林艺术馆（2004—2008）、西山艺术家工坊（2007—2009）、浙江大学紫金港校区农生组团（2008—2010）。在一些近期作品，如山东省广播电视中心（2004—2009）、北京神华大厦（2006—2010）中，体量化的趋势也越来越清晰。

对自然地貌的关注包括引用自然形态，如山石和山脉等。这方面的特

点在2005—2010年表现得越来越明显。这与建筑师自信和创新精神的增长有关，尽管作为一名偏重现实主义价值的建筑师，现实的意味在这里更多地表达为对某些"真实"事物的模仿，这其中既包括自然的，也包括人文的真实（从弗兰克·盖里的鱼，到阿尔多·罗西的欧洲式类型学，再到社会主义现实主义的中式大屋顶）。泰山桃花峪游客中心（2008—2010）、谷泉会议中心（又称中信金陵酒店，2008—2013）和莫高窟数字展示中心（2009—2013），都是运用自然比拟的例子，建筑的形态各自暗合岩石、山脉和沙丘等自然形态的走势。

对于文化传统的历史和遗产价值的关注，大概可以算是崔愷作品中最为重要的方面，也是设计实践中灵感和想象力迸发最为充沛的类型。除了最初探索象征手法的阶段，在第三阶段，也就是现代主义的清晰化或者说理性化的过程中，见证了抽象和表现两方面更为微妙的融合。前面提到的三座2005—2010年创作的建筑（首都博物馆、德胜尚城、拉萨火车站），可以代表其中突破性的进展。而如果从今天的角度进行回顾，这类作品又可以按照特点划分为四种：①位于北京或代表国家的；②位于中国东南，也就是代表江南文化的；③位于中国西部，代表独特的少数民族文化的；④位于考古遗址，有着悠久历史遗产价值的。

第一种的例子包括北京德胜尚城，这个城市办公楼街区，靠近有六百年历史的德胜门城楼；还有首都博物馆，呈现了老北京的面貌，也充分表达了"国家的"传统；另外一个是奥林匹克公园下沉庭院3号院（2007—2008），这是一组以鼓、编钟等"中国"元素向世界表达中国意向的设计。中国驻南非大使馆和领事馆（2004—2011）也应归入其中，但采用的不是北方宫廷的建筑形式，而是来自中国南方的传统民居元素。

第二种，则集中于苏州、杭州、徐州等江南地区——苏州火车站（2007—2008）、中国杭帮菜博物馆（2009—2012）和江苏建筑职业技术学院图书馆（2010—2013）。现代元素与江南的地域类型优美地结合起来，尤其是对白墙的运用，可搭配灰瓦，也可不搭，都呈现出既是现代的又是江南的动人氛围。

第三种是位于中国西部的项目，如拉萨火车站（2004—2006）、凉山民族文化艺术中心（2005—2007）和玉树康巴艺术中心（2012—2013）。第一个和最后一个例子采用西藏建筑的元素，而第二、第三个项目则各自体现了彝族和羌族聚落的特点。经过选择和抽象的传统元素，被内化于建筑的结构和构造形式之中。

第四种考古遗址，如安阳殷墟博物馆（2005—2006）、无锡鸿山遗址博物馆（2005—2008）和辽宁五女山高句丽王城遗址博物馆（2003—2008）。文化表达再一次与建构和建筑本体相互交织。例如在安阳殷墟博物馆中，青铜鼎的意向与3300年前的甲骨文被呈现为建构语汇，下沉的庭院则形如青铜器，院中只见一方天空，一方倒影，唤起悠悠怀古之情。

结语

值得注意的是，在崔愷近期作品中，现代性、自然和文化传统这三个要点是相互影响的。例如，敦煌莫高窟数字展示中心（2013）从沙丘这类"自然"景观中汲取灵感，但这种隐喻又是与敦煌这座城市的广袤景象密不可分的。敦煌代表的，是丝绸之路上中西文明的交汇，其历史可以追溯到公元4世纪，同时还拥有500余个已历经千年的佛教洞窟。这座建筑因此同时与自然景观和文化历史产生了联系。其现代关注与文化传统关注相互交织。同样的例子还包括苏州和杭州的项目，比如建于杭州的中国杭帮菜博物馆，将现代主义的白色风与中国江南民居的元素融合到了一起。事实上，这三个要点中的第二点和第三点都是现实主义表达的一部分（不论如何抽象），而第一点追求的则是现代主义的抽象性。现代主义抽象性经过与现实主义目的的充分融合，进而表现出自然或是文化历史的形式。

总体而言，崔愷的作品在抽象性和表现的现实主义的框架之间，展现其丰富的各种可能性。这个作品的集合，界定在对立的又是互动的抽象性和写实性之间。从社会和机关制度层面上看，崔愷设计美学的双重性与中国院或是说中国大多数设计院的双重性对应。他的作品折射出设计院最前沿的一个工作状态：一种对立的或具有动态张力的关系，在社会现实主义和纯粹形式主义之间，在实用服务的方法和追求优异形式的方法之间，在毛泽东时代的社会主义传统和市场经济中的新追求之间，层层展开。由于反映了这些现状，崔愷的作品称得上是当代中国的"本土"建筑。

本土设计再思考
——建筑同仁在崔愷、潘冀建筑思想对谈中的讨论

RETHINKING LAND-BASED RATIONALISM:
DISCUSSION BETWEEN ARCHITECTURAL SCHOLARS

Abstract

A series of lecture, Tsinghua Architecture Thought Forum, invited Cui Kai and a famous Taiwan architect, Mr. Pan Ji, to have a conversation about the theory of Land-based Rationalism and other relative issues with several architects and scholars. In the lecture named "Rethinking Land-Based Rationalism", all of them gave their own understanding of Land-Based Rationalism and analysis of Cui Kai's works.

清华建筑思想论坛系列讲座邀请崔愷与台湾资深建筑师潘冀先生就本土设计这一理念进行范围更广泛的对谈，题为"本土设计的再思考"。在对谈中，到场的诸位建筑学人也提供了自己对本土设计的理解，以及对崔愷建筑创作的分析。

边兰春 清华大学建筑学院副院长

崔愷长期坚持的本土设计创作理念，以地域主义的批判性方法，确立了他在社会和文化性项目中身份认同的价值，反映了溯源和局限，并发展出一种纯净的形式语言，展现出一种场所的精神和人们的集体记忆。

"文革"后从事建筑设计的一代建筑师，他们在各自方向上提炼出具有中国特点的精神元素，与现代建筑设计手法相融合，设计完成了许多影响国计民生的重大项目，改变了也正在改变着中国城市的精神面貌。他们是中国当代建筑的中坚力量；他们逐渐成熟的设计意识和理念，构成了大陆建筑设计发展的核心观念；他们的设计生涯对传统的关注，对未来表现出的探索精神，对前辈的尊重和对后辈的带动，都使他们成为重要的承前启后的一代。对他们的关注和研究将意义深远。

王路 清华大学建筑学院教授，《世界建筑》前任主编

听了崔愷院士关于本土设计的理念，让我想到很多年前，崔院士曾介绍普利兹克奖得主格伦·莫卡特到清华大学做报告。格伦·莫卡特在演讲结尾做出这样的总结："其实建筑很简单，一是要考虑自然是怎么运作的，风啊，雨啊，光啊……再有是考虑人是怎么使用它的。因为自然是个普适性的概念，但是每个地方的人在特定的场地和时间段内会有特定的诉求。"这两点我一直铭记至此，这可能就是刚才潘先生所讲的"道"，即"物"和"我"的境界。崔院士讲的"本土"更多地接近"地"，也就是环境和自然，自然和人的使用，潘先生则主要讲了"天"和"人"。两位建筑师都在谈基本的设计起点和他们要达到的目标，路径可能不同，但都有一些共同的关键词：人文的，自然的，技术的支持等。这些是建筑基本的东西。

崔院士反复强调，形式本身并不重要，在做设计的时候一定要考虑，"样子"这个东西是在一个怎样的环境中生长出来的。所以从形式层面来讲，崔总和潘先生都是非常多元的，在一个地方做设计，就去寻找这里的线索，也就是潘先生说的"不变"的东西，那么"变"的是什么呢？现在的技术，现代人新的生活方式。文化是要在新的语境中谈，有些文化需要丢弃，再加入新的东西，新加入的就是"创新"。

建筑有一些基本的东西，最初树立对建筑正确的态度，是非常重要的。知道怎样正确地思考"道"，走上对的"道"，再能考虑如何通过技能的训练把它走好。

单军 清华大学建筑学院副院长、教授

崔总的作品，给我的总体感觉是很"淡定"。世界是复杂的，多元的，但建筑不是把问题复杂化，而是变得简单。崔总的设计达到了一种非常自然的状态，不是我刻意要做什么，而是从场地入手，生成建筑。正如"本土设计"的英文翻译"Land-based Rationalism"，基于一种理性的思考——初出茅庐的建筑师，理想主义的成分比较浓，对理性的思考比较欠缺。同时，崔总也强调了建筑师的社会责任，要考虑城市、环境等方面，这和潘先生的"天、人、物、我"也有共同之处。

崔彤 中国科学院建筑设计院总建筑师

如果把建筑比作一篇文章，潘先生提出了"天人物我"的概念，他

的作品也像一篇文雅的，带有中国传统人文情怀的文章。而崔总的作品则更像一篇充满诗意的散文，它不是一种即兴的成果，而是非常理性的，经过缜密思考，发自内心的文字。我也曾和崔愷一起参与过几个集群设计的项目，他的作品往往能第一个通过评审，我的则总是要修改很多次。后来我发现，崔愷的设计能很快得到认同的原因，是因为总是能做到"在地""在人""在天"。他对土地的认知，是不断发现和深入的过程，是此时此地的。他的不断变化，与他和土地的情缘有太多的关系。他的作品就像一棵有机的树，植根于土地之中，不断发芽——我把他的建筑理解为有机性的，能够不断地生长、发芽。

朱培 朱培建筑事务所主持人

我有几点感受：一是崔愷的作品，品如其人；二是"本土"并不乡土；三是个性并不排他。理解崔愷的作品，需要有一个大的前提，他是处于国企这样一种大的体制下，而能够有如此丰沛的成果，可以说是这个时代下非常特殊的现象。从历史的角度去看，他像一个时代转折的缩影，是从"文革"后到今天对中国的城市建设起到很大作用的一批建筑师中的代表。他的工作环境，塑造了一种传承的氛围，他一直认为自己应该回报社会，帮助自己的同事和朋友，可以说一个人的作品和一个人的修养、品德是息息相关的。

谈到作品本身，"本土"并不乡土，是我最强的感受。在中国这样的环境中做建筑，如果单纯去寻求本土化，很可能的结局是沦为乡土化，甚至是民族式、传统的结果。但我觉得他的作品不是，他一直在用现代的语境解读今天的问题。他认为建筑要从地里长出来，但土地可以长任何东西，他没有在地里随便弄出几丛杂草来，他有自己的品味和选择，多年来一直秉承当代的观念来设计建筑。人们谈到中国，无形之中所指的就是一种"传统"的概念，回顾我们之前的几代建筑师，他们一直所努力的，最终是落入了传统的陷阱。时代赋予了崔愷这一代建筑师现代的姿态，并以此解读本土的内涵。

最后一点和他做事的风格有关。细看他的建筑，都不是那种纪念碑式的东西。他的建筑更像是海绵，能够兼容并蓄，而不是说我做了个建筑，别人在我旁边都没法站立了。像这样一种建筑，就体现了他的本土化的思考，是应对环境的结果。

对潘先生我不是非常了解，不过今天看到他的台中市图书馆，其中有一个细节我印象很深。那是一个楼梯的栏杆，栏板是玻璃的，比较

高，但下面较矮处还做了个木头栏杆，我初看以为做错了，后来想到高的是给成年人，而木栏杆是给儿童准备的，体现了对不同年龄人群的关怀。如此细腻的建筑视角，以及他从中国文化中汲取营养的方式，确实是成熟的建筑师所需要的素质。

李兴钢 中国建筑设计院总建筑师

我跟崔总太熟悉了，所以从来没想过该怎么评价他。崔总非常实在地讲述了他从纠结到悟出本土设计的思想，我觉得这是他因从业以来所具有的自身经历和个人特质，自然而然所感悟到的。同时我也惊讶于本土设计设计策略的包容力。它是一条可以越走越宽的大道，而不是唯一正确的独木桥。这也是我需要深入思考的，我们自己工作的纠结和痛苦因何而来，是不是因为没有找到这样一条道路，而是还在找一个独木桥。

潘先生的作品给我一种儒雅、安静的感受，这是潘先生这个人的特质所带来的。在他的建筑中的使用者也能感受到这样的气质。一个什么样的人，他的内在修养、气质决定了他的建筑是什么样的。

张路峰 中国科学院大学建筑学教授

我是带着一个问题来听这次对话的，就是所谓"本土设计"和地域主义是什么关系。听完之后我也大概想明白了一些，地域主义以及批判的地域主义，是两个不同阶段对地域的回应，是西方理论家对于经历了国际化、现代主义阶段之后对建筑和地域的结合很注重的现象的解读。而崔老师则是从实践的角度出发，用自己的作品主动去寻找了一个与土地结合的设计出发点。我感觉这两种方面没有必要详细区分或互相解释。

中国建筑师现在都开始思考理论问题，希望发出中国自己的声音。我也在想我们所谓的个性的东西，和国际上普适性的东西究竟在哪个层面上需要有区别，可以有区别。可能一部分建筑师故意要做一些和别人一样的动作。但我认为，中国本来就是属于世界的，太强调自己的独特性，可能就会变成自我定义的"另类"。我个人不太同意这种态度，我们就是世界的一部分，如果做得足够好，其实没有必要标识自己是"中国的"。

周榕 清华大学建筑学院副教授，建筑评论家

从一个历史的角度来看，崔总的工作是中国改革开放后的实践中非常

具有代表性的工作，他个人也是这批建筑师中最具代表性的一个。他30年的从业经历跨过了改革开放后的四个十年，并且在每个十年中都有代表性、总结性的作品——从20世纪80年代的阿房宫凯悦酒店，到90年代的外研社办公楼，再到2000年以后的很多作品，到今天他所介绍的2010年以后这个阶段的设计，风格变化更为明显。建筑师不断地在否定自己的过去，超越自己既往已有的成就，不断地破茧成蝶，去除已有的束缚，才有不断提升的可能。我认为，一个优秀的建筑师应该像是从德云社出来的，在一生中要经历说相声要求的"三翻四抖"。如果从刚开始做设计就是这样的一路做下去没有变化，就不能成为一个伟大的建筑师。

从80年代到现在，崔总基本已经经历"三翻四抖"了。那么为什么说他的工作在中国建筑界如此特殊？因为他的工作代表了中国的"新官式"建筑。这可能是一个特别重要，但一直为我们所遗忘的问题。中国建筑一直由官方的"大式"和民间的"小式"两条线来构成。而到了清末，外来建筑式样和思潮冲击的力量如此巨大，以至于中国的官式建筑失范了，失语了，不知该如何表达。看中国近代建筑史，从1904年晚清新政之后，到1959年的十大建筑，都找不到新官式建筑发声的方法，直到八九十年代和21世纪都还没有解决。今天中国的建筑师仍然分为官式建筑师和小式建筑师，2000年以后，中国建筑界实验建筑的兴起，实际上就是小式建筑的兴起，而官式建筑在很长一段时间内是处于困惑中的。这种困惑也势必影响到崔总——他一路创作的困惑，实际上代表了文明的困惑。文明在急剧的转型期中不知道如何找到自己的范式。如何再通过一个官方的方式去重新建立文化的道统，能为更多的人认同，能够皈依到文明的巨大影响力之下？这是文明的责任。

潘冀先生刚才提到韩愈，我也要回应一下韩愈的事情——韩愈和崔总的位置很相近，他早期做过国子监"祭酒"，代表着是官方意志和文化道统的重新建立。东汉后三百年，中国文化遭到了极大的冲击，随着五胡乱华，南北朝时期，以佛教为代表的南亚次大陆文明进入中国，文化道统失去了，这和近百年来中国的处境是很类似的。韩愈承担了恢复道统的责任，所以苏轼称他"匹夫而为百世师，一言而为天下法"。晚清以来，中国面临着乾坤颠倒，天地倒置的问题，我们自己原来的"天"成为低端的文化，西方舶来的文化变成高端的。改革开放后的30多年就是我们在不断重新寻找自己的"天"的过程。

崔愷对本土设计的认识过程，也正处于中国近年重新意识自身文明的过程中。我认为"本土设计"不如叫"土本设计"——以土为本。所谓的Land，其实就是非常悠久的文明积淀，没有单纯的地理和环境限制。每一种地理和环境都是经过文化融合的结果。称为"土本"可以带出另一个相对的角度"洋本"设计。这也契合中国近几年重新意识到自己文明的复苏和觉醒。本土设计可能是崔愷的个人追求，但因为所处的地位和时代，可能会带动新的范式的潮流。

张利 清华大学建筑学院教授，《世界建筑》杂志主编

两位建筑师分别是大陆和台湾在相应建筑师群体中的领军人物。很明显地，区别于西方建筑师的"标签式风格"——到哪儿做的建筑都是一样的，他们两位到哪里做的建筑都是不一样的。这更符合从大地母亲的基因所赋予这一地域和时间段内房子的特征。当然他们两个人的作品也不可避免地反映了大陆和台湾两地各自社会、经济、文化、政治的特点。比如崔总的建筑中存在的，也是我们这个时代所具有，也许会慢慢消退的英雄主义和乐观主义，而潘先生的建筑反映在台湾社会的发展程度下，对细节的关注和对公众参与的重视。总之，两个人在不同的社会环境下，都非常勤恳非常有说服力地展现了，建筑师是如何用设计改变人们生活的。

我也想向两位建筑师提出两个问题：

问题一，两位分别作为一个地区的建筑师群体的代表人物，认为如何使东方的建筑在国际上更具竞争力？

问题二，任何的建筑评论都存在"高估"和"低估"的现象，你们认为在各自地域，被高估的和被低估的建筑现象都有什么？

潘冀 台湾知名建筑师

为什么我会对中国传统的人文素养感兴趣呢？我从台湾成功大学毕业后赴美留学和工作12年，再回到台湾开始自己的建筑事务所。那时碰到任何问题，我的直接反应都按照在西方受到的训练去设计。但我也感到，我们台湾这一代的建筑师到底对台湾的文化有什么贡献？我们做来做去，都只是次等的西方建筑而已。所以我逐渐开始探寻，发现很多祖宗遗留下来的文化内涵，我们都没有好好地去了解和应用。假如能从这里面获取一些养分，会对我们有所帮助。当然这不会马上具体体现在你的作品里，但它会成为你血液的一部分，融入你的基本思想，慢慢在设计中有更多的呈现。如果中国人想要走自己的道路，需要从增加人文素养做起。

至于张利教授提到的第二个问题，我感觉被underrated的建筑师很多，有很多建筑师在认真地、低调地做设计，只是我们看不到。当然那些知名建筑师，不少都可以说是被overrated的。就像名牌的衣物，价格里面几乎一半的代价都是在买这个牌子。我们看得见、听得见，得到崇拜的建筑师，其实有很多也是在卖名牌，已经有了现成的"牌子"，可能就不会那么严肃、认真地面对每个设计，大家也可能因为牌子就买了。这样的例子大家都能想到。所以我认为不管现在多有名了，都要保持谦虚的态度，学习的态度，跟上时代的进步，才不会被名牌冲昏了头。

崔愷

我想从和潘先生的多年来的交往谈起。他从做人，做朋友，到待人接物，到做设计，到建筑与环境的关系，给我的总体感觉，都是非常有礼貌的。礼貌，是我们今天中国文化中被忽视的一点，现在的人总是希望超过别人，而不是尊重他人。潘先生在这方面给我很多感悟。

谈到中国建筑如何与世界接轨，一是要回归到世界建筑发展的主流中，同时也要保持中国文化的脉络。这个话题很大，很难回答。好几位老师也都提到，台湾没有大陆这样明显的文化断层。台湾比我们早发展至少20年，20年前台湾也经历过这样忙乱快速的大规模建造，也有过很多和今天大陆城市类似的特色问题，整体面貌问题，建筑质量问题……现在台湾建筑师的思考、做事方法、文化脉络、实施质量已远远超出当年的水平，比如潘先生在台湾的很多作品，都是以镶嵌的方式进入城市，修补城市，改善面貌。台湾的今天，可能是我们十年以后会碰到的情况。因此台湾建筑给我的启发就很大，我们一直处于忙乱之中，那么能否提前为未来的状态做一些思考？

台湾国际化的经济状况形成了国际化建筑语境的主导，但由于没有切断文化脉络，就像潘先生所说，即便是非常国际化的设计项目，仍然有着深刻的中国传统的人文思考和很高的自我要求。我还没有达到这样的高度，之所以我的设计表现得更为多样化，可能是因为处于更宽阔的地域环境和文化场景中。但坦率地说，我认为自己现在的设计还是在用比较通俗的建筑学方法解读文化——面对一个场景，用一种策略表达建筑的特殊性。当地人期望一个带有特殊性的建筑，而形式上的特殊性最容易被理解。别人可能会找一个外来的形式感很强的东西，而我会根据当地的因素结合自己的理解做出形式，因此容易更胜一筹。但有些时候我也会想，在同一个地点再让我做第二个建筑，怎么办？特殊的形式表达往往带有表现主义的成分——虽然我不太赞同这类方式，但有时在具体设计中也会流露类似的做法。那么"本土设计"，作为一种带有普适性的价值立场，是否可持续？是否能为别人借鉴？如果一个地方都用同样的建筑语言设计，是不是好事？这是我心里不踏实的地方。

朱培老师提到我的建筑与环境的亲和性，这是我所重视的。但有些时候我也会觉得特殊的形式表达，多少反映了我的心还不够静，还没有收敛自己的设计，让建筑更有内力。这恰恰是潘冀先生等台湾建筑师让我感悟到的东西。他们在一种特殊的地域条件和国际化语境下，用更深的思考渗透出文化的精神，这让我非常钦佩。当我们经过自我提升和反思，能够用更凝练的方法去寻找真正带有我们深层文化内涵的当代建筑学语言时，中国建筑就更容易得到国际的认同了。

谈到第二个问题，我确实觉得今天是一个价值观不同的时代。在以品牌、时尚、新闻性为特点的时代，慢的建筑体验正在消失，这种社会背景有益于吸引眼球的建筑，就像玩杂技似的，谁的跟头翻得高，谁能把椅子摞得高就是好样的。当然我也看到一些设计，正在回归到看似质朴，但细节上有功底的设计和建造。这样的转变应该得到学界和媒体更多的关注，让被低估的东西得到呈现。当然，还有一种可能会一直被低估的人群，就是广大的做背景建筑的建筑师。欧洲以及日本的城市中大量的建筑我们不知道是谁设计的，但都有很高的质量。我们只是追寻那些明星建筑师，这是有些不公的。城市的整体品质主要是靠背景建筑决定的，虽然我们已经邀请了大量明星建筑师来中国做设计，但我们的城市与国际城市还有很大的距离。许多人满足于中国发展了，有钱了，市场大了，可每每到这个时候，我就觉得我们还差太远。

"两岸·追问·回溯"
——崔愷、王维仁对谈

CROSS-STRAIT QUESTIONING AND RETROSPECTING:
A DIALOGUE BETWEEN CUI KAI AND WANG WEIREN

Abstract

Being the same generation and architect, Cui Kai and Wang Weiren, an architectural scholar born in Taiwan and teaching in Hong Kong University, own different careers and architectural ideas due to their different historical backgrounds and living environments. In the dialogue, they talked about the influences of their eras and questions of their thinking of architecture.

王维仁，1958年生于中国台湾，国外留学工作，从地质学专业转向建筑学专业，现任香港大学建筑系副教授，王维仁建筑研究室主持人，策展人。

作为同年代生人，崔愷和王维仁身处两岸不同的时代背景和生活环境，他们的职业生涯和建筑理念也体现出不同的特点与转向。从两人的对谈中，可以看到对时代烙印的回溯，以及对于建筑思想的追问。

1. 台湾的时代背景——传统与现代问题的切入

王维仁：在我读高中之前，台湾处于一个冷战的年代，在思想上还是比较受管制的。到了思想启蒙的年代，一方面我们对西方的思想感兴趣；另一方面在学校里又是受的中国文化的传统教育，自然就对传统文化的现代性问题产生了关注。高中时第一次在新竹清华的体育馆看林怀民《云门舞集》，它对我的震撼非常大，他把传统的东西用现代的方式呈现出来了。

我是1977年进的大学，考完大学的暑假我读了一些谈传统和现代中国绘画的文章，讨论台湾的五月画会等画家，思考如何在绘画里表现传统和现代的问题。我当时自然就想到，不知道建筑师们有没有思考这个议题。我那个时候还不知道王大闳的作品。后来到大学里学了一门建筑导论的课，写了一篇报告，是关于在台北市现代的公寓房子里面怎么体现中国空间的问题。内心是想在整个大的现代化的架构下面，对中国的文化做出一些贡献。在冷战结构下，在我们的知识和认知相对局限的情况下，这个问题已经变成一个烙印烙在我们的身上。

台湾那个时候是一个怎么样的年代？这有必要讲讲当时的学生和社会运动，《云门舞集》前后，台湾出现了一次乡土文学论战。那个时候在文学上出现了一批新兴的作家，以台湾农村大众的现实生活为主题，关注社会的弱势族群，其实是台湾新一代的社会主义者，开始提出乡土文学的旗帜，挑战官方主流意识形态的文学。接着代表正统文学阵营，写出来著名的《乡愁四韵》的诗人余光中，在报上写了一篇"狼来了"的文章，警告工农兵文学要入侵了，两排人士就在报纸上面打笔战，这对高中时期的我来讲印象非常深刻。乡土文学的论者认为，余光中这些人写的乡愁对我们来讲是非常抽象的，文化的养分来自生活，为什么不去看看我们周围的人与土地呢？这是很典型的进步左派观念，来自美国20世纪70年代的学生运动的影响。这种意识形态也影响了大学的建筑系，我大学虽然念的不是建筑系，但是我已经对建筑开始产生兴趣了。当年带入包豪斯设计教育的汉宝德，也开始带着东海大学建筑系的学生去测绘传统建筑，研究台湾的传统建筑。之后随着冷战时代的结束，台湾的解严民主运动，随之而来的是很多的社会运动与小区主义的兴起，比如说夏铸九等人发起的"无壳蜗牛运动"，开始对政府的公共空间政策、住宅政策产生质疑。"无壳蜗牛运动"就是说政府的土地政策在开发商的炒作下，大多数的老百姓永远没钱买房子了，当时几万人占据在总统府前面的广场上。这些运动伴随着后冷战时代的思想解放，给我们这一代留下来一种集体的思想转型，解构了我们把现代中国建筑或者现代中国文化的复兴看成一种唯一任务的使命。在逐渐成型的思想典范下，新的文化使命是小区，土地与人民，你也许可以说这个问题更具体、更本土了。

这基本上是20世纪70年代到80年代台湾大的文化的转型轨迹，彰显了传统与现代，以及国族与本土的挣扎与认同问题，这对我产生了很重要的影响。

2. 大陆的时代背景——个人的成长经历

崔愷：在有关文化的演进上，我觉得台湾实际上比大陆应该早十几年，也就是所谓赶上国际化和开放的程度。而大陆在整个20世纪70

年代这一阶段是非常封闭的，直到80年代后期。

我是北京人，出生在故宫的附近，在原来京师大学堂的院子里，就是民国时期的北大。"文革"的时候我们还是小孩，因为整个社会环境处于激烈的政治变动中，所以会有很多派别斗争之类的事情。虽然我那个时候很小，也跟着大孩子们干过卖报纸、撒传单之类的事情，只不过把那场残酷的阶级斗争当成好玩的事儿了。今天想想还是挺有意思的。

在"文革"中，我上初中到高中的时候曾到农村运动，那个时候叫开门办学，就是等于把教室搬到学农基地，半天上课，半天去稻田里耕作，去林业组剪枝等。当时这样的一种混合型的、边劳动边学习的感觉也挺特别的。

到1975年2月份，我就下乡去了，当时是自己坚持要去的，一去就是三年。在北京郊区的平谷，是山区，比较艰苦。因为我们的热情很高，所以都愿意过比较艰苦的生活。那个时候我19岁了，我们一下去干得很猛，因为干得好，所以队里一直给我一等工分，或者叫"头等劳力"，但是实际上没有多少钱，一天挣八分，到年底一算，一天挣五毛钱。但是我们同学仍然很有革命激情。

到了1977年初听说要恢复高考，我那一年就是边干农活，边复习。我那年因为得了肝炎，生产队就安排我放牛，我每天背着书包把村里的牛赶到山上，然后就可以看书、做题了。我在报志愿时想报清华，一看清华没有建筑，我就报了物理师资班。第二志愿就报了天大的建筑学，因为我父亲是设计院的暖通工程师，所以知道一点建筑学专业，知道要有一定绘画基础。当时在社会上知道这个专业的很少，所以我也就报了这个。结果因为错了一道15分的题，所以一下子就落到第二志愿了，没有上成清华，到了天大学建筑。

王维仁：我想如果说高中的时候就有机会下乡做你那时候做的那些事，应该会提早成熟一些吧？

崔愷：是，我觉得是这样的。在下乡的过程当中，实际上对社会的观察就不一样了。我们知青们是集体住的，很快就跟小山村的老百姓融在一起，知道了农村很多事情。比方说盖房子这个事，他们要买多少根檩，多少根椽子，什么地方用什么木头，在公社的市场上买料，然后等到农闲的时候就开始和泥、摔坯，这些人就在地上拿白石灰画线，然后开始垒墙，底下用石头，上面用砖，再上面用一点土坯，反正就把房子盖起来了。我第一次真正的参与建造就是在农村盖大队部。

王维仁：我第一次参与劳动生活就是跟你类似，但也不一样。你讲到

农村的经验，而我们大学毕业的时候是当兵，当兵两年让我接触到跟我完全不一样的人，所以对我来说这很重要，也符合我当时的意识形态的投射，就是说要跟社会接触。学盖房子就是在那个时候，要盖一个厕所，我发现我什么都不会，但底下的这些兵就有人会和水泥，因为没有转，给你的就是水泥，然后你们要去找沙，去和泥，要做成砌块；发给你钢筋和水泥，你要做成混凝土；所有的这些我们都不会，反而书没读好的人都会。所以你刚刚讲的那些我觉得是很重要的社会经验。

崔愷：所以在谈及我们今天对社会的观察和认识，包括我自己提到的所谓本土设计时，我觉得骨子里仍然多少还会想起自己这段经历，实际上对自己是有着深刻影响的。

3. 成长环境——对设计的影响

崔愷：那个时候我对城市的观察是从爬景山开始的。每逢周末，我都喜欢爬到景山顶上去看风景，实际山并不高，但那时城市很平，所以可以看得很远。故宫、北海、鼓楼，向南可以看到人民大会堂，甚至天坛。这些重要的建筑对我来说记忆深刻。还有些新建筑，包括当时的电报大楼，北京展览馆，还有民航总局大楼，我还记得在60年代初吊车吊着这个房子的墙板往上装，很神奇，当时是11层，在北京应该是最高的楼了。一座古老的城市，同时又有现代化的发展，这对我也是一种憧憬，后来我还承担了民航大楼的改造工程，还曾写过一篇短文回忆儿时的印象。

这些对我后面的建筑道路到底有多少影响呢？现在想想影响还是比较多的。

我现在做设计的时候，常常会回忆起自己的城市经验，比方说小时候最愿意去的是什么地方，那些在四合院和胡同里玩的情景，还包括晚上昏黄的路灯，那时城市有点儿像戏剧的场景，忽亮忽暗。公共汽车来了就亮一阵，然后又暗淡了，影子拖得很长，很吓人。实际上是挺生动的。我曾写了一篇文章回忆到这些，谈到今天的城市照明，我觉得过于商业化，到处都被亮化，那种有意思的感觉反而都没了。举这个例子，是想说小时候的东西实际上对今天的一些设计是很有启发性的。

王维仁：小时候我住在台北市，正如你讲到北京城，我觉得你讲了很多"social fabric"，也就是"社会的纹理"，不管是灯光的纹理还是胡同的纹理。台北也是一样，是一座低密度的城市，在我小时候有

很多日本式的房子，院墙大树，从而呈现出这样一种巷弄文化的生活肌理与城市肌理。还有我每年暑假的时候跟我母亲回娘家，我们会坐火车经过整个台湾，南台湾的延绵的水稻田，槟榔和龙眼树，闽南式的合院房，白鹭鸶和水塘等，这些乡村的文化地景让我对建筑以及景观、土地、人与自然所互动的环境与景观肌理有深刻的感受。

4. 现代主义——生活经验、人文主义

王维仁： 我觉得不管在大陆或者台湾，这种乡村或者城市的生活经验或者社会肌理是有共通之处的。我做设计的时候老有一种无可救药的人本主义，老在想能不能建立一套系统把这些生活经验串联起来，重新编织这种城市肌理。或者是能够把地景跟人和建筑的共存关系做出来。我不知道这后面，在价值快速改变、建筑表皮化和媒体操控的社会下，新一代的建筑师会不会想这种事，因为成长的经验不一样了。

崔愷： 其实我觉得我们并不是一开始就特别注重建筑的社会意义或是对普通人的关注。我们接受的建筑教育，当时是有一种激情的，这种激情好像是一种改天换地的热情。老师说，我们十年没有建筑教育了，你们是第一届学生，你们的天地非常宽，所有的机会都等着你们。所以当时有一种英雄主义的感觉。那时候老师教的基本上是现代主义建筑，由于资料匮乏，所以老师把国外杂志上的建筑照片用钢笔画完以后印成印刷品给大家讲。那个时候我们对新奇的现代建筑感到一种激动。我当时常常在下课以后抄画那些建筑名作。那个时候对建筑的理解更多的有点像纪念碑，主要注重建筑造型，构图呀，比例呀，风格呀，等等；当然也讲功能，但那种类型式设计，功能好像成为一种模式。现在反过来想，当时由于资料有限，信息匮乏，对现代建筑老师也不太可能讲清楚，只是图片资料，有的还可以找一点平面图，更不用说解读这个建筑作品的历史意义或者人文性了。虽然也学建筑史，但是建筑史在我印象当中是相对比较简单的，只讲一些流派的定义和案例，但是之间相互的关系、文化艺术以及经济的背景也不是特别清楚。所以在后来刚开始设计建筑时，对建筑的认识也相对比较肤浅。

朱剑飞写一篇文章谈到我的时候，就说到宏大叙事。实际上这个情结在我工作的初期一直存在。但是对于这几年来讲，尤其这十年以来，对于建筑的人文意义似乎有了自己的判断。把过去的经验和今天结合起来看，这个过程中实际上有了一个转折。

王维仁： 我开始接触建筑的时候是20世纪80年代初期，首先接触的

就是对现代建筑的批判，因为那个时候在美国，文丘里写了《建筑的复杂性与矛盾性》，所以一开始的时候就走向批判现代建筑的路线。然后接下来就是历史主义当道，我开始看的建筑书如舒尔茨的《场所精神》，或摩尔以及克里尔等。我到美国去念建筑系之后，看到很多正统的现代建筑，虽然在台湾也看到现代建筑，但是毕竟不多，而且也不纯粹。我在加州伯克利湾区这么一走，觉得很多的现代建筑很好，更能彰显地域与建构的精神，不是他们说的那么回事。所以我觉得是好的现代建筑看得不够多。等到暑假真正背包去旅行，看到柯布和密斯以及路易·康的房子，我才认为真正的现代建筑是好的空间与建构质量，这似乎和你们是反过来的情形。

崔愷： 当时我觉得在20世纪70年代末至80年代初的时候现代主义对中国的影响真是非常大。当时从南到北盖的房子，还是受现代主义的影响。当时内地的现代建筑基本上是以广州或者说岭南的新建筑为代表，就是当时的莫伯治、佘畯南等人，这些应该是在当时那一代建筑当中是属于走在比较前面的。

记得我们是1984年研究生毕业，到1985年、1986年那个时候后现代主义理论就介绍进来了，就是刚才你说的文丘里的理论进来了。进来以后马上与国内的形式与风格的讨论联系起来，文化传承的问题好像一下就解决了，马上就回到了符号象征那些手法，各地开始出现了有地域符号的那种建筑。贝聿铭先生的香山饭店也起到了示范作用。

我觉得在大陆从现代主义到后现代主义的过渡变化比较快，也刚好迎合了继承传统这样一个话题。但是我并不认为当时有多少人认识了文丘里理论所带有的城市意义，以及对建筑学本身的意义。文丘里提倡的是建筑应该呈现出生活空间的矛盾性和复杂性，而不仅仅是形式上的问题。

王维仁： 其实我觉得台湾的建筑遗址没有受到很好的现代主义训练，当时经济各方面还不发达，只有极少数好的作品出现，如王大闳。在现代建筑的原则和建构关系都还把握不清楚，技术还没有办法跟上美学需求的时候，后现代建筑的形式主义真是一个很好的急救单，因为你只要把那个造型做上去了，好像一下子就升格了。台湾的后现代建筑最泛滥的时候可能就是20世纪80年代后、90年代这段时间，又吊诡地配合了文化上对本土与传统符号的需求。

5. 从后现代到场所精神

崔愷： 在传承历史传统这个方面，从空间入手来解读，确实是这几年

我比较感兴趣的。一般来讲古代城市就小，建筑密度大，街道、广场很适合城市生活。大家对今天的这种大尺度城市规划的反思也是一种回归或者批判。我注意到您提出的都市合院主义，好像就是这样一种思路。合院的这个空间在建筑当中是非常普遍的。并不是中国建筑当中专有的，实际上西方的传统建筑中也有大量的合院空间。那如何用合院来解读一个特定的地域性呢？

我先稍微解释两句我的本土设计的立场，就是它不是"native"这个问题，我老是想把它变成一个组字的游戏，就是以土为本，实际上还是一个场所精神的问题，就是建筑跟人文、自然、环境的一个特定关系，因为这一下就聚焦到一个特别具体的情况，就回避了国家主义、民族形式这些问题，包括一个所谓城市的风格或者什么。那么我想，在一个比较笼统的框架下可以产生出很多种做法，但是要不要只用某一种方法，这种方法是不是能够适应所有的场所提出的问题，这是我看您的都市主义的想法，当然肯定合院本身有许多变化，它并不是一个单一的类型。

王维仁： 对都市合院主义，我有三点想说，第一个是合院的空间形态与文化，跟我们过去的经验记忆有关系，有集体文化感情的成分在里面，对我们来说这个合院是一种文化；第二个它也是一种空间形态，那么这个空间形态有一些基本的物理性能，比如说光与影和通风，人和自然的关系，比如说开放或者封闭的程度形成不同形式的合院空间；第三个是一种可以转化的设计方法，我就把它理解成为形态学的关系，可以延伸成新的关系。过去作为家庭空间的独立合院，可以转化为一系列小区的半公共空间，或成为城市肌理的联系公共空间；开放的合院也可以引入城市自然通风，或形成户外的遮阴系统与微气候，成为一种绿色建筑的策略。我有点受到TEAM 10的影响，他们研究欧洲的村落，希望能够变成现代建筑的一种城市或建筑的组织关系，我有点想做这种东西。我在想合院这个东西除了传统以外，这种传统空间能够对我们未来的高密度城市，能够对我们的未来城市的场所感，或者组织人的社会关系，甚至包括可持续性绿色建筑这个事情有什么启发。大概有这样的几个意思在里面。

崔愷： 我看王老师的东西实际上是非常质朴的，好像关注点不在形式上，而在于一系列的空间和逻辑，我觉得在这点上，大陆的建筑师实际上是做了很多年才回到这样的心态。当然我也不知道王老师你在寻找到这个立场的时候经历过一个什么样的变化。我看到很多台湾的建筑师从西方留学回来以后，他们的设计和地域息息相关，有很强的地域性的责任感。

王维仁： 虽然我在台湾成长同时也做设计，但因为在香港教书多年，也只能最多算半个台湾建筑师。台湾建筑师在经历了前面所说的文化的本土转型后，确实有这些重视地域性和小区性的优点，这也应该是当代台湾建筑论述对华人文化最大的贡献。但是台湾建筑师也许会有过度的乡土化倾向，作为有批判性的现代建筑，建筑的基本的控制力有时候就没有那么强。最近这几年我也在想，怎样让建筑成为一个好作品，能够做到既是我们内心里想要的，也是我们头脑里想要的。

崔愷： 我刚才说的那种本土设计就是强调建筑跟土地的关系，当然土地也是可以把它分成自然的和人文的两大类，也可以延伸到今天说的可持续发展的概念。大部分的项目可能都需要表达地域特色，需要表达跟城市的关系，跟功能，跟社会的关系，所以这些建筑就会有一定的独特性。

王维仁： 这是我觉得我很敬佩的一点，作为建筑作品，跟人的品格是结合在一起的，至少是相对地结合在一起。我觉得这个可能就是那个年代的人对自己对社会的一种要求，对自己在社会里面扮演的角色跟责任有一种要求。也许还跟儒家文化有关，我觉得我们受儒家文化影响，台湾这些方面和这些传统的影响，和儒家的"家事国事天下事"是一脉相传的。这让我们在做个人决定的时候常常要考虑到群体的利益，用西方哈贝马斯现代性的说法，确实是一个公民的公共性。在我看来，大陆成长的崔先生明显继承了这种儒家文人社会的关怀精神。而我认为你说的本土建筑最大的意义不只是解释个人的设计思想，更是针对目前因为大量建设与拆迁，而失去小区意识的中国城市，以及盲目抄袭流行式样的中国建筑，提倡一种正面的建筑方向。

6. 观念的变化

王维仁： 其实我跟大部分在港大教书的同事不一样的一点是，我不是毕业以后就一直待在学校教书的学院派。现在英美的学院派有一种倾向，优秀的学生毕业后，有一些人不想到建筑师事务所蹲着，想要透过教书展览和竞赛来开展建筑的事业。我事实上还是老一派的做法，到旧金山的事务所做了8年事情，慢慢地学习别人的做法，积累自己的看法，36岁以后才到学校教书，有自己的设计研究室。相对地，崔先生更应该是由实践中成长的代表。

崔愷： 谈到我自己建筑创作的几个节点，开始得到业界注意的是1993年前后设计的丰泽园，在北京当年提倡夺回古都风貌的背景下做的，有一点不同的特色。后面1998年完成的外语教学与研究出版社办公楼可能又是一个转折点。从建筑语言来讲可能更现代，但是同时又比较有意识地来调动建筑的空间和符号来表达某一种文化的象征性。我觉得在外研社项目上，自己对建筑的空间更加关注，比如空间的逻辑，正负空间的构成关系。后来又在外国语大学做了逸夫楼，更主动地调动空间的语言来解读功能，比如把小时候上学对走廊活动的记忆，带入公共空间的设计中，让走廊空间具有多功能性。我从那个时期开始喜欢更多地研究空间，形式已经放在第二位。

而对城市空间的理解，实际上表现在德胜尚城这个项目中，有时候一个新的项目会让你带着问题作一些思考，可能就生发出新的立场。后来做遗址博物馆的设计，使自己对文化象征性的认识，对城市的认识，对地景和历史环境保护的认识都有所提高。2009年的时候写了《本土设计》这本书，应该说是个总结，理清了一些思路。

王维仁： 我这个完全同意，我也有同样的感触。我开始在大事务所里面工作了三年之后，老板给我第一个房子让我设计，是一个图书馆，那个时候我把整个设计和建造过程都学会了，同时我把我当时能够想到的建筑的方法都尽量实践出来。我早年也在美国帮朋友做了几个小房子，那几个小房子让我享受到那种完全掌控设计的快乐。我觉得这是我的第一个进步。我开始知道我在不同的设计时间做的各个决定，可以让我掌握最终不同的空间或建构效果。另外，我到港大以后在台湾地震后做的那几个学校，也让我对空间与尺度更有把握。到后来再做房子时我大概都可以知道，我可以把最后的空间做到哪一种状态，我大约可以解释多少我对场所的感觉。再下来就是我以合院为原型做的这些多层合院空间，有一系列的学校，由2层楼的学校到7层楼，到19层的学校，那个是有意识地逐步在测试合院转型的一种方法。

崔愷： 实际上我觉得有一个特别重要的基本功，建筑师从纸上的东西如何能比较准确地想象到它会呈现的东西，实际上这是要很多年训练出来的感觉。我觉得这是一个挺好的职业门坎儿，你得跨过这个门坎。有些时候我看到有一些建筑师做的东西总是觉得有点不对，不是说他用的手法不对，而是看上去比例好像不对头，或者说不舒服。我觉得就是那个门坎儿还没有迈过去，当然现在我也觉得建筑美学开始像当代艺术一样，开始不太讲究，或者故意不讲究，或者干脆就排斥传统的美学。所以好像看上去做得笨一点拙一点，主要你要有主动的意识，实际上仍然是可以接受的。但是很多时候毕竟有一些建筑，总有一个基本的美学要呈现出来的。这种时候实际上我觉得挺见功夫

的，你是不是做得好，就与你刚才说的自己对空间尺度的把握是很重要的。

王老师你觉得你现在定型了吗？你的建筑信仰。

王维仁： 我以前在一间叫TAC的大事务所做了8年，那是格罗皮乌斯创立的事务所，是当年美国现代主义的大本营。在那里受到的一些影响到现在还在，就是理性主义，不能太离谱，现代主义的功能和构造的基本关系还是要照顾好。这点我觉得在思想上、在价值观上大概到现在都不会改变。但是在设计的方向和对环境的反应上，我就明显地希望表达一种和传统现代主义不同的新看法，对地点的解释和形态学与合院是一种方法，但也在思考新的尝试。我觉得就算合院有各种变法，平面可以变剖面，叠的变成挖的，还是可以有很多其他的设计做法。我也在找新的东西来做起点，比如说地景与地形是不是能够做出新的东西，但也不是很刻意，还是得顺其自然。当然我希望自己的不同作品之间是有思想关联的。

崔愷： 我觉得我在观念上算是定型了，我把自己的价值观当成一种道德来看待，所以心里面觉得就比较踏实了，对做不道德的事情显然很排斥。不过在设计上是处于相对比较开放的。比如说我做敦煌莫高窟游客中心，实际上是用犀牛软件做的，最开始我在那画草图，又捏橡皮泥，跟助手一起捏出来的，但是最后软件肯定还是别人来弄。我觉得这种建筑跟地域环境比较恰当，我也愿意尝试这种东西。所以我主张的所谓的本土设计实际上也是想表明一个立场，立场是一样的，但是在解决方式上应该是多元的。所以我自己并不想重复自己。总的来讲我不觉得我是特别地定型的，或者我也没有想过要定型。

——原载于《时代建筑》2012年第4期

"十年 · 耕耘"
——崔愷工作室十周年建筑创作展开幕词

TEN YEARS CULTIVATION:
ARCHITECTURE CREATION EXHIBITION OF CUIKAI STUDIO 10TH ANNIVERSARY

今天天气不错，我也很高兴在我们设计的中间建筑迎接大家的到来，共同来庆祝我们工作室十年的生日。我对大家的到来非常感激，我也代表工作室的全体同仁向大家表示欢迎。本着中央的节俭精神，我们没有特别提出让外地的朋友过来，但从我的母校天津大学仍然来了很多领导和老师，也有从上海、广东等地赶来的朋友，非常感谢他们的到来。当然，对给我们来电或发来短信表示祝贺的朋友，以及这些年在业界一起交流和工作的很多朋友，我也一并表示感谢。

这个展览是关于我们工作室十年的一个小总结。十年来我们之所以能够走得比较顺利，有赖于"天时、地利、人和"三个方面。

"天时"，就是改革开放的大背景，时代的进步，社会的进步，行业的进步，我们在其中也跟大家一起进步。我曾经写过一篇文章《在中间》，有很多同行比我们做得更好，我们不算走在行业的最前面，应该是走在中间的一股力量，当然走得比较认真，也还比较顺利。

"地利"，是因为我们的工作分布于全国的不同地方，个别的工程甚至走到了海外。在不同的文化背景下，不同的自然环境中和不同的社会环境下，我们做的工作实际上都反映了那个地方特有的文化品质和环境特色。所以我一直说，我们没有个人的风格，我们希望建筑的风格，是它所立足的那个环境，那个土地的风格。我提出的本土设计的主张，也是基于这样的一个总体思路。我也特别感谢我们所在的国家、我们所在的极具文化传承的环境，使我们的工作能够一点点进步。

再有就是"人和"。今天就是一个"人和"的时刻，这么多人利用周末的时间来到这里，参观我们的作品。同时，我们所有的设计项目的工作，也得到了很多业主、承包商、分包商对我们的支持。每一次到工地上，我都能感觉到，即便是一个素不相识的工人，都会对我们所做的建筑有所贡献，对我们的工作有所帮助，任何一个建筑的成功都来自于大家的合力。当然在这个时候，我们工作室所有的建筑师还都要特别感谢他们的老师，其中包括我自己师从的导师——彭一刚院士。是他们的教导，让我们获得事业的成长，我们今天仍然能够感受到来自母校的老师们对我们的谆谆教导和嘱托。所以说，"人和"是我们事业成功的一个基础。

今天的展览不仅仅是一个作品展，也展现了我们团队的风貌。作品只是展览中的一部分，还有一部分，是展示我们团队中所有的人，让大家了解到，他们的个性、思想和不同生活背景。这个展览是一个既有人又有作品，也有我们文化背景的展览。我希望能够代表我们工作室的共同价值。当然这个展览是在匆忙当中布置出来的，也不是很完美，希望大家能够谅解。

最后说一点有关本土设计的。这些年，我们一直在总结自己的工作，在与很多朋友的学习交流中不断地思索。我感到，今天中国的建筑师，尤其是我所在的中国建筑设计院，多少还承担着一种社会责任，我也在想如何在这个时代发挥中国建筑师的作用，所以提出了一个不成熟的主张——"本土设计"。这几年，在行业里，我曾多次讲过这个话题，也跟很多朋友作过交流，我知道这仍然是一个初步的策略或

者态度，但我希望在我们不断的工作中，能够体现本土设计的主张，让我们的建筑真正能够融于环境。所以今天的这个展览，我们也不想仅仅把它看成是在展示一个一个单独的建筑，而是希望引起大家关于本土设计这方面新的思考。

今天天气很不错，秋天是北京最漂亮的季节。我们门前这条路上，车辆络绎不绝，都是去香山看红叶的。我们今天举办这个活动，其实也

就像农民收获粮食一样，在庆祝自己的成果。所以我们特意为这个生日做了一个"蛋糕"，但不是一个食物，而是印有我们作品的一套明信片，希望作为一份小小的礼物，送给每一位来到这里的嘉宾和朋友。

我们邀请文兵院长、彭礼孝社长、朱小地董事长、张颀院长一起打开这个"蛋糕"和大家分享，谢谢大家。

2013年11月2日下午2:00

后 记

2009年出版了《本土设计》之后，我就开始策划这本书，希望它成为一个开放、可持续的丛书，系统地记录我的本土设计思考与实践的历程，成为这个时期中国建筑文化发展道路上的一道车辙。

每当我回顾几年来的创作和研究工作成果，都会想起和我一同工作的团队中每个同事热情和执着的面孔，都会想起我们的集团和设计院领导们毫无保留的支持和爱护，都会想起无数行业同仁、朋友给予的鼓励和支持，都会想起多年来一直指导我的前辈师长，一直关照我的各地政府领导，一直理解我的业主甲方。这是大家的成果，大家的事业！在此再一次向大家表示深深的敬意和由衷的感谢！

我还要特别感谢这本书的策划人我的老朋友张广源先生和他的建筑文化传播中心诸位同事，他们为这本书的照片拍摄、资料整理、排版编辑、平面装帧做了大量、细致的工作。另外也要感谢知识产权出版社的举荐，使这本书加入"国家科学技术学术著作出版基金"支持计划。

最后我要感谢我的夫人和家人，默默无语的亲情，无微不至的照顾，是我事业发展的可靠保障和精神支柱，令我感恩不尽。

谨以此书，与中国建筑文化的传承者、参与者、观察者、学习者共勉！

崔愷
2016年 春分

EPILOGUE

After the publishing of *Native Design*, I began to plan the second book of the series. I expect it to be a continuous series that records my thinking and practices of the Land-based Rationalism systematically. I also hope it could be a trail of the development of China architecture of today.

Every time, the review of my recent creations and researches would occur to the earnest faces of my colleagues in the studio, the unreserved supports from the leaders of CADG, the inspiration of my friends. I would also like to show my gratitude to my teachers and predecessors, to the government leaders and clients of my design projects. What I have achieved is a common result of them all and a career of all the participants. I would say deep respect and heartfelt thanks to all of you again.

The book would not exist without the dedicated work of my old friend, Mr. ZHANG Guangyuan and his colleagues in the Architecture Culture Media Center of CADG. Thanks for their elaborate photography, material collection, editing, composition and design. And also I really appreciate the recommendation of the Intellectual Property Publishing House. By their efforts, this book could attend the "National Science and Technology Academic Publications Fund" Program.

Finally, thanks for my wife and family. Their selfless love and meticulous care are the most reliable anchor of my spirit and career. I will be eternally grateful.

I would like to dedicate the book to the successors, participants, observers and learners of Chinese architecture culture. Let us encourage each other in our endeavours.

CUI Kai
Mar. 20th, 2016

1957年出生于北京

景山学校就读小学、初中、高中

北京平谷县华山公社麻子峪插队

天津大学建筑系获学士、硕士学位
师从彭一刚教授

1996年9月在法国巴黎演讲

1996年10月在日本大阪演讲

建设部建筑设计院　建筑师

华森建筑与工程设计顾问有限公司　建筑师

建设部建筑设计院　高级建筑师、副总建筑师

建设部建筑设计院　副院长、总建筑师

全国优秀科技工作者

国务院政府特殊津贴专家

国家有突出贡献中青年专家

国家百千万人工程人选

2001年

2004年

2004年

2004年

中国建

中国建

国际建

国家工

2003年

2003年

1984—2000

2000

阿房宫凯悦酒店　西安
建设部优秀建筑设计二等奖

水关长

蛇口明华船员基地　深圳
建设部优秀建筑设计三等奖

清华科
全国优
建设部

丰泽园饭店　北京
全国优秀工程设计铜奖
建设部优秀建筑设计二等奖

中国城
中国建

外交部怀柔培训中心　北京

富凯大
全国优
建设部
中国建

外语教学与研究出版社办公楼　北京
全国优秀工程设计铜奖
建设部优秀建筑设计二等奖
中国建筑学会建筑创作优秀奖

民航总
建设部

现代城高层公寓　北京
建设部优秀建筑设计三等奖

雅昌彩
全国优
建设部
中国建

北京外国语大学逸夫教学楼　北京
全国优秀工程设计银奖
建设部优秀建筑设计二等奖

外研社
中国建

…筑

…筑

…办

…理

…求

…学建筑学院双聘教授

2014年2月崔愷工作室更名为本土设计研究中心

2014年4月出任台湾远东建筑奖决选评委

2014年7月赴南非参加世界建筑师大会

2014年11月赴台湾参加第三届海峡两岸建筑院校学术交流工作坊，暨第十六届海峡两岸建筑学术交流会并演讲

2015年5月赴保加利亚参加第十四届世界建筑三年论坛

2015年11月赴香港大学建筑系讲学

2015年当选保加利亚国际建筑研究院院士

| 2013—2014 | 2014—2015 |

…杭州
　…十行业一等奖
　…作银奖
　…十大奖赛金奖

中间建筑A/F区　北京
全国优秀工程勘察设计行业一等奖

江苏建筑职业技术学院图书馆　徐州

…支
…秀
…尤

欧美同学会院内危房改建工程　北京

西安大华1935　西安

…市
…筑

中信金陵酒店　北京
全国优秀工程勘察设计行业一等奖
中国建筑学会建筑创作银奖
中国威海国际建筑设计大奖赛铜奖

临沂大剧院　临沂

…馆　北京
…秀
…尤
…筑

中信泰富朱家角锦江酒店　上海
全国优秀工程勘察设计行业二等奖

北京奥运塔　北京

…才学校　德阳
……行业二等奖
…作金奖
…十大奖赛金奖

重庆国泰艺术中心　重庆

大同市博物馆　大同

…印　昆山
……行业二等奖
…尤
…筑

康巴艺术中心　玉树

北京工业大学第四教学楼组团　北京

…莱
…筑

敦煌莫高窟数字展示中心　敦煌
中国威海国际建筑设计大奖赛银奖

天津大学北洋园新校区主楼组团　天津

中国建筑设计研究院 / 主编

崔愷 / 著

策　　划 / 张广源

文案　翻译 / 任　浩

美术编辑 / 徐乐乐

建筑摄影 / 张广源

参编人员 / 张英奇　傅晓铭　杨　净

　　　　　　周　萱　冯夏荫

China Architecture Design & Research Group

CUI Kai

Planning / ZHANG Guangyuan

Text Editing & Translation / REN Hao

Book Design / XU Lele

Photography / ZHANG Guangyuan

Participant / ZHANG Yingqi, FU Xiaoming, YANG Jing

ZHOU Xuan, FENG Xiayin

图书在版编目（ＣＩＰ）数据

本土设计．Ⅱ：汉英对照 / 崔愷著．—北京：知识产权出版社，2016.5
（经典建筑理论书系·大师精品系列）
　　ISBN 978-7-5130-4156-0

Ⅰ．①本… Ⅱ．①崔… Ⅲ．①建筑设计—研究—中国—汉、英 Ⅳ．① TU2

中国版本图书馆 CIP 数据核字 (2016) 第 080367 号

责任编辑：祝元志　　　　　责任校对：董志英
编　　审：段红梅　　　　　责任出版：刘译文

经典建筑理论书系·大师精品系列

本土设计 Ⅱ

崔愷　著

出版发行：**知识产权出版社** 有限责任公司

社　　址：北京市海淀区西外太平庄55号

责编电话：010-82000860转8513

发行电话：010-82000860转8101/8102

印　　刷：北京雅昌艺术印刷有限公司

开　　本：889mm×1194mm　1/16

版　　次：2016年5月第1版

字　　数：770千字

ISBN 978-7-5130-4156-0

网　　址：http://www.ipph.cn

邮　　编：100081

责编邮箱：13381270293@163.com

发行传真：010-82000893/82005070/82000270

经　　销：各大网上书店、新华书店及相关专业书店

印　　张：23（插页：17）

印　　次：2016年5月第1次印刷

定　　价：198.00元